装备建设科学性、针对性、前瞻性理论探索与实践

赵国安　著

国防工业出版社
·北京·

内 容 简 介

本书探讨了装备建设科学性、针对性、前瞻性的概念内涵，揭示了其在装备建设中的重要意义；系统梳理总结了国内外成功做法，概述了具有科学性、针对性、前瞻性特征的典型武器装备，展望了未来装备建设和装备技术发展，在此基础上提出了保持装备建设科学性、针对性、前瞻性的对策建议。本书适合装备管理人员、装备科研工作者、在校军事学/装备学本科生和研究生阅读。

图书在版编目(CIP)数据

装备建设科学性、针对性、前瞻性理论探索与实践／赵国安著．—北京：国防工业出版社，2021.3

ISBN 978-7-118-12329-6

Ⅰ.①装…　Ⅱ.①赵…　Ⅲ.①装备制造业—研究—世界　Ⅳ.①F416.48

中国版本图书馆 CIP 数据核字(2021)第 053628 号

※

国防工業出版社出版发行

(北京市海淀区紫竹院南路 23 号　邮政编码 100048)

北京龙世杰印刷有限公司印刷

新华书店经售

*

开本 710×1000　1/16　**印张** 8¾　**字数** 130 千字

2021 年 3 月第 1 版第 1 次印刷　**印数** 1—1500 册　**定价** 78.00 元

国防书店：(010)88540777　　书店传真：(010)88540776

发行业务：(010)88540717　　发行传真：(010)88540762

适应世界新军事革命发展趋势和国家安全需求，提高建设质量和效益，确保到二〇二〇年基本实现机械化，信息化建设取得重大进展，战略能力有大的提升。同国家现代化进程相一致，全面推进军事理论现代化、军队组织形态现代化、军事人员现代化、武器装备现代化，力争到二〇三五年基本实现国防和军队现代化，到本世纪中叶把人民军队全面建成世界一流军队。

——习近平在中国共产党第十九次全国代表大会上的报告

序　言

习近平主席在关于国防和军队建设重要论述中,多次强调要坚持作战需求牵引,提高装备建设的科学性、针对性、前瞻性。习近平主席的重要论述,准确把握了装备建设的时代特征,揭示了装备建设的本质和规律,内涵十分丰富,寓意非常深远,是我军装备建设的根本遵循。

本书紧紧围绕习近平主席提出的装备建设的科学性、针对性、前瞻性,在对国内外装备建设实践开展系统分析的基础上,针对这一主题进行了比较系统全面的研究,是对这一领域理论研究的一次新的探索,也是对我军装备建设理论的丰富和发展,具有非常现实的理论意义和实践价值,在决胜全面建成小康社会,夺取新时代中国特色社会主义伟大胜利,我军装备建设站在历史新起点的重要阶段,本书的出版恰逢其时。

正如书中所指出的,装备建设的科学性、针对性、前瞻性,涉及现代管理科学、系统科学、军事学、军事装备学等诸多学科,既是一个多学科交叉的复杂领域,更是一个现实的实践课题,其研究的结论具有很强的现实指导性、实践性和可操作性。本书较好地把握和体现了这一点,没有过多地陷于概念内涵的纯学术讨论中,而是在简要的概述后直奔主题,从国内外装备建设的成功实践和历史规律中去探寻和挖掘“科学性、针对性、前瞻性”的概念内涵和经验做法,得出的结论与启示,既源于对理论的深度研究和思考,又根植于国内外装备建设实践的经验总结,具有非常直接的现实借鉴意义和参考价值,极易引起广大装备工作者的理性思考和共鸣。但作者并不满足于此,接着又以装备建设为主线,以现代几场局部战争为背景,以时间为窗口,以典型装备为主体,在对大量武器装备进行系统剖析的基础上,总结归纳出“21世纪具有科学性、针对性、前瞻性的武器装备扫描”“21世纪引领和对装备建设产生重要影响的军事战略和作战概念”“21世纪局部战争中横空出世、声名鹊起的几种新型装备”,并面向未来,对世界武器装备和技术发展进行了展望,犹如向读者展示了一幅磅礴壮观的世界武器装备和技术发展的历史画卷,给人以感性的视觉冲击和专业的深度思考,让读者直观而理性地了解构成科学性、针对性、前瞻性武器装备的主要要素和时代特征,进而从历史的教训中提出了武器装备与强国的关系和我国发展武器装备的重大历史和现实意义。

作者长期在装备科研机关从事装备科研管理工作,具有宽阔的理论视野、战略思维和对未来武器装备发展的敏锐判断力、感知力、洞察力,对装备建设、装备技术的现状和发展有比较系统和准确的理解,能够从历史和发展、战时和平时、现在与未来等多角度、多层次、多领域探索和研究装备建设问题,体现了很强的辩证性、逻辑性和前瞻性的哲学思维,也展现出了其严谨的工作作风和学术素养。本书主题鲜明、主线清晰、逻辑严密、结构完整、文字流畅、语言清新,融知识性、学术性、技术性、史实性于一体,可读性强,表现出作者扎实的专业理论功底、较强的文字驾驭能力和丰富的工作阅历。书中所陈述的观点与结论,既是作者科研管理实践的理论探索和思考,也是作者长期工作的感悟和体会,对装备管理和装备科研工作具有一定借鉴和参考价值。其中,很多章节形成的文章已在《现代军事》《装备》《海军装备》《军事文摘》《舰船知识》《外国海军》《海军军事学术》《论证与研究》等军内外著名期刊上发表,并引起广大读者的热烈反响,说明本书的出版已经具备了良好的学术和读者基础,是近年来我军装备建设理论研究的又一丰硕成果。

站在国家安全发展的高度,习近平主席深刻指出:“面对复杂严峻的国家安全形势,面对国家主权、安全、发展利益的迫切要求,我们必须以只争朝夕的精神推进国防和军队现代化,把军队搞得更强大,这样才有底气、腰杆才硬。”我理解,落实好习近平主席关于“把军队搞得更强大”,要“有底气”“腰杆硬”最根本的一条,就是要把武器装备搞上去,要有一些克敌“软肋”,使敌害怕的“杀手锏”武器装备,在一些关键领域形成非对称战略制衡能力。装备建设理论是军事理论的重要组成部分,是推动我军转型建设和装备科学发展的源泉,是确定武器装备发展方向和重点,完善我军装备体系的重要理论支撑和依据。希望并相信本书的出版,对繁荣我军装备建设理论相关研究有积极的促进作用,对促进我军的装备建设科学发展做出积极贡献!同时,也希望作者再接再厉、继续努力,在装备建设理论研究中不断取得创新性的理论和学术成果!

是为序。

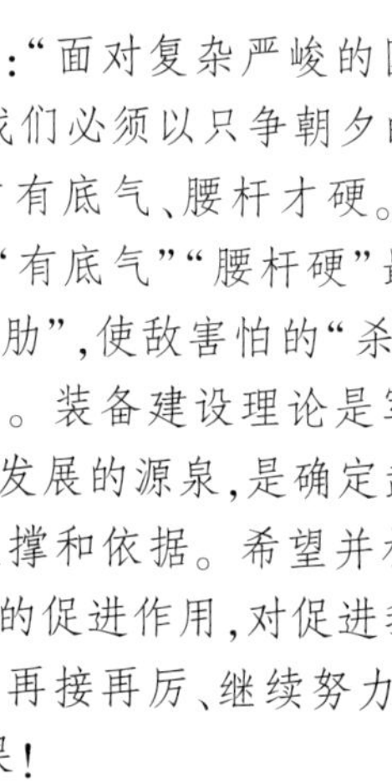
①

二〇二〇年十月九日

---

① 邱志明,中国工程院院士。

前　言

古罗马有句著名的谚语:谁想要和平,谁就要准备战争。

那么如果要问和平时期装备建设的目的是什么,我想答案是肯定的:为了打赢未来战争。但是战争什么时候打响并不是可以预计的,也可能是明天,也可能是今后十几年、几十年。战争发生的这种不确定性,决定了装备建设的本质是面向未来可能发生的战争做好准备。而未来是未知的,这就必然对战争准备带来困难和挑战,对装备建设的科学性、针对性、前瞻性提出了更高的要求。因而装备建设的科学性、针对性、前瞻性是一个永恒的主题,是装备建设中一个永远的追求和最高境界。其涉及政治、经济、军事、技术等诸多领域、众多因素,不确定性强,既是一个复杂的理论问题,又需要在实践中不断检验、发展和完善,具有很强的实践性、动态性、开放性和时代性,特别是在我军编制体制发生巨大调整变化的新形势下,在我军迈向强军征程、实现强军梦的新的历史阶段,开展相关研究意义重大而深远。

一是贯彻落实习近平主席关于装备建设重要指示的必然要求。习近平主席在国防和军队建设重要论述中深刻指出,设计装备就是设计未来战争。武器装备建设必须坚持面向未来,面向战场,面向部队,发挥好作战需求的主导作用。在考虑作战需求的同时,考虑技术实现的可能和未来发展趋势,把作战需求牵引和技术推动有机结合起来,增强装备建设发展的科学性、针对性、前瞻性。习近平主席的这一重要论述,深刻揭示了装备建设的本质和规律,具有鲜明的时代性和实践指导性。在装备建设实践中贯彻落实习近平主席的重要指示,要求我们必须首先把装备建设的科学性、针对性、前瞻性的概念内涵搞清楚,把具体要求弄明白,从而为装备建设提供理论指导和实践依据。

二是为我国由大向强提供战略支撑。我们正处在实现第一个百年奋斗目标的关键时期,国家安全环境深刻变化,世界军事竞争更加激烈。作为国防建设重要组成部分的装备建设,是建设强大国防的根本保证,是国家安全发展的“压舱石”。必须充分认清装备建设的重要历史地位和独特作用,明确战略发展要求,遵循装备建设的客观规律,通过装备建设的科学发展,实现富国强军的统一,为建设与我国国际地位相称、与实现中华民族伟大复兴相适应的强大国防奠定坚实根基。

三是为实现强军目标提供物质基础。能打胜仗是强军目标的根本要求,实现这一要求靠什么?除了人的因素,重要的还是武器装备。在相当长的历史时期和可预见的未来,装备建设仍然是军队建设的重中之重,仍然是构成军队战斗力的核心要素,因而武器装备的作用绝不能低估。装备建设的科学性、针对性、前瞻性反映了装备建设的本质和规律,深入开展相关研究,是认识规律、把握规律、正确决策的前提,是装备建设少走或不走弯路,实现内涵发展、科学发展的必然要求。

四是为推进我军转型建设创造条件。装备现代化是军队现代化的主要标志,装备发展牵引作战理论、作战样式、作战训练、作战力量编成的创新与发展,带动官兵素质提高和部队建设转型。新形势下军事战略方针不仅要丰富类似传统"杀手锏"装备,联合作战装备等"备战"选项,改被动迎战为主动设计作战,还需要构建能够形成体系作战能力、有效制衡强敌的装备体系,从而迫切要求装备建设更要突出科学性、针对性和前瞻性。

五是促进国家科技进步和产业升级。装备建设涉及政治、经济、军事、科技、人才队伍、工业等方方面面,实现装备建设的科学性、针对性、前瞻性发展,必然会对上述领域产生巨大辐射带动效应,特别是对国防科技创新的推进;一大批具有前瞻性、战略性、基础性科技创新成果的涌现和技术的突破,也必然会对国家科技的进步、社会经济的发展、产业结构的优化和升级,乃至整个国家创新驱动战略的实施和综合实力的提升带来全方位影响。

装备建设的科学性、针对性、前瞻性问题已受到世界各国军队的普遍重视,以美国为首的西方国家,经过上百年的发展建设,都走过了不同的发展阶段,在长期的实践中形成了一些成熟的做法,取得了较好效果,确保了美军装备建设一度在世界遥遥领先,值得系统深入研究和借鉴。我军的装备建设,经过几十年的建设发展,特别是新中国成立初期的十几年,也在实践中探索和积累了丰富的经验,取得了举世瞩目的成绩,更有必要加以认真总结、继承和发展;同时,近年来国内以华为为代表的一些高新企业蓬勃发展,一路高歌跻身世界先进企业前列,无疑有许多新的理念、好的做法、成功的诀窍,必然对我军的装备建设、科研管理也会有有益的启示。

本书共分十六章。

第一章主要介绍装备建设的科学性、针对性、前瞻性的概念内涵,目的是使读者对装备建设的科学性、针对性、前瞻性有一个清晰的理解和把握,对其在装备建设中的重要性有一个深刻的认识,也为后面的研究明确一个基本的思路和主线。

第二章主要对国外保持装备建设科学性、针对性、前瞻性的主要做法和启示进行系统疏理和总结,旨在通过对国外先进国家保持装备建设科学性、针对性、前瞻性成功做法和经验的系统总结,得出有益的借鉴和启示,为进一步改进和厘清我装备建设发展思路提供参考。

第三章重点对国内装备建设的科学性、针对性、前瞻性的长期实践进行系统疏理和总结,旨在通过对国内装备建设的历史考察,特别是对新中国成立初期我军装备建设的辉煌成就的历史经验总结,得出具有中国和我军特色的装备发展之路,为在新的历史时期提高装备建设的科学性、针对性、前瞻性明确方向,提供借鉴。

第四章主要通过对能够代表当今世界先进水平的国内高技术和高端产品研发先进企业华为的发展历程的考察,总结出其具有时代特点,符合当今世界科技发展潮流的发展理念、管理经验、企业文化、研发模式等,找出对我装备建设的有益做法和启示,促进我装备建设向健康发展、科学发展方向不断迈进。

第五章主要在前几章对装备建设科学性、针对性、前瞻性的概念内涵、国内外装备建设主要做法经验、国内先进企业成功实践的分析总结基础上,提出加强我军装备建设的科学性、针对性、前瞻性的对策建议,为我装备建设提供理论遵循和指导依据。

第六章重点对国外军事强国武器装备发展进行了展望。目的是通过对未来武器装备发展趋势的分析,让读者了解今后武器装备的发展走向,从宏观上对装备建设的科学性、针对性、前瞻性有直观的了解、准确的把握和感性的认识。

第七章重点面向未来、面向发展,对世界装备技术发展进行了展望。目的是在对未来武器装备技术的发展动态、趋势进行分析的基础上,引导读者放开眼光,展开想象,从全局发展的高度把握武器装备技术发展的走向,为保持武器装备技术的科学性、针对性、前瞻性提供参考。

第八章主要对21世纪具有科学性、针对性、前瞻性的武器装备进行了扫描,旨在通过对具有上述特征的典型武器装备的介绍,使读者了解21世纪先进武器装备的总体现状,从现实上理解和把握装备建设科学性、针对性、前瞻性的内涵。

第九章主要从作战牵引的角度,对21世纪引领和对装备建设产生重大影响的军事战略和作战概念进行了分析。目的是从深层次上揭示军事战略、作战概念与装备建设的关系,进一步强化军事战略、作战概念对装备建设的引领作用,使装备建设更好地适应未来战争。

第十章着重对开展国防科技协同创新的意义以及主要国家开展协同创新的做法进行了分析,目的是以科技创新引领装备建设发展,以协同创新为重要途径,通过国防科技协同创新实现装备建设的科学性、针对性、前瞻性。

第十一章重点对21世纪研制、投入实战并名噪一时的几种新型武器装备进行了梳理,目的是向读者呈现最新、并能代表当今装备技术最新成果和未来发展趋势的新型武器装备,使读者从武器装备的现实成果中,发现和领悟装备建设的规律,以及发展思路。

第十二章用记录的手法对新中国成立后近四十年装备建设的重大事件进行了全景式的扫描,旨在向人们展示新中国装备建设的巨大成就,并通过一个又一个难忘的精彩瞬间,向世人宣告什么是中国意志、中国速度、中国精神、中国智慧和中国制度,激发国人自强自立的信心和民族自豪感。

第十三章重点对影响装备建设科学性、针对性、前瞻性的科技迷雾问题进行了系统分析,目的是引起读者对科技迷雾这一问题的关注和重视,提高读者的科技敏锐性和科技辨识力,始终保持清醒的头脑和战略定力。

第十四章重点阐述了"能打仗、打胜仗"的基本内涵,指出了装备建设中要保持科学性、针对性、前瞻性,必须以"能打仗、打胜仗"为根本要求、根本遵循,并对装备建设中如何贯彻这一要求提出了具体对策和建议。

第十五章针对和平时期人们普遍容易产生对国防和装备建设的模糊认识,从历史和哲学的高度,回答了为什么要建设强大的国防、为什么要发展武器装备等重大现实问题。旨在告诉人们要居安思危,珍惜今天的幸福,为实现强军梦中国梦再立新功!

第十六章重点介绍了媒体对我国几种新型武器装备发展的公开热议,目的是进一步增强国人的民族自豪感、自信心,以更加饱满的热情和新时代的紧迫感关注国防建设、投身国防建设,在实现中华民族伟大复兴的新征程中,为加速推进我国武器装备的现代化建设再立新功。

本书在写作过程中阅读和参考了大量的电子媒体文献资料,使本书具有较强的时效性;但由于时间关系以及保密的原因,对于一些装备技术数据的准确性缺乏更深入细致的考证,疏漏之处在所难免,敬请读者批评指正。

作　　者

二〇二〇年十月,于北京

目 录

第一章　装备建设科学性、针对性、前瞻性的概念内涵

装备建设是一个实践过程,但保持其科学性、针对性、前瞻性却是一个深层次的理论问题,或者说这一实践需要强有力的理论指导,需要有一定的理论基础,才能站在更高的逻辑起点上,迈向科学、持续、稳定、健康、快速的发展轨道。由于科学性、针对性、前瞻性的内涵十分丰富,因而了解和准确把握其内涵,既是提高装备建设科学性、针对性、前瞻性的基础和前提,也是实现装备建设科学性、针对性、前瞻性的关键。

一、科学性、针对性、前瞻性的概念内涵

《现代汉语词典》(第5版)释义:科学——名词,反映自然、社会、思维等的客观规律的分科的知识体系;针对——名词,对准;前瞻——动词,有两个意思,一是向前面看,二是展望、预测。性,这里是后缀,加在名词、动词或形容词后构成抽象名词或属性词,表示事物的某种性质或性能。由此,我们可以推之,科学性、针对性、前瞻性应该是指包含上述名词释义延伸内涵的一切属性,即:科学性是指判断事物是否符合客观事实的标准,富有科学依据;针对性是指对准性,是一个范畴或边界的概念;前瞻性是指向前面看及对未来的展望和预测性。

二、装备建设的概念内涵

装备,作名词讲时,泛指配备的武器、军装、器材、技术力量等,为研究方便,本书所涉及装备的概念,专指武器;建设,作动词讲时,指创立新事业,增加新设施。则装备建设应该是指研制新装备、发展新装备、采购新装备,以及装备使用,直至报废的全过程、全寿命的一切活动所包含的内容和要素。装备建设包括装备的规划计划制定,装备经费的投入投向,装备的预先研究,装备的研制、采购、服役、维修、报废、退役等各阶段、各环节、各活动,是一个实践过程,也是一个动态的、发展的概念。不同的阶段、不同的时代有不同的内涵和要求。

三、装备建设的科学性、针对性、前瞻性的概念内涵

通过上述分析我们不难得出:装备建设的科学性、针对性、前瞻性中,科学性就是指装备建设是否符合客观事实的标准,富有科学性。其内容十分庞大,内涵十分丰富,包括装备科研、装备结构、体制、数量规模、资源配置、性能指标的科学性等;针对性是指装备建设本身的对准性(或是装备建设的范畴);前瞻性是指装备建设向前面看及对未来的展望和预测性。从实践意义来说,装备建设必须遵循科学性、针对性、前瞻性原则,即:一是要面向未来,按科学规律办事,尊重科学、实事求是,从国情军情出发,瞄准军事科技发展前沿、作战样式发展趋势和新型作战力量建设需求,从装备体系建设角度出发,制定先进装备技术发展路线图和装备发展中长期规划图;二是要面向部队,结合新形势下军事战略方针,针对装备建设现实和部队实际需求,解决装备建设中的“短板弱项”等实际问题,研制出好用、顶用、耐用、可靠的武器装备;三是要面向战场,着眼军事斗争准备的主要方向以及战略对手、作战对象的发展变化,以军事战略为指导,前瞻未来的战争形态和作战样式去谋划和统筹装备建设。

四、正确把握装备建设的科学性、针对性、前瞻性的关系

从装备建设的科学性、针对性、前瞻性的概念内涵可以看出:在装备建设中,针对性是基础和前提,没有针对性,装备建设就没有目标,就会无的放矢,就将迷失方向,偏离健康发展轨道;科学性是不懈的追求,是一个相对的、发展的、动态的标准,没有最好,只有更好,它永远在路上,不同的时期,不同的阶段,不同的国家,有不同的标准和要求,失去了科学性,装备建设就不可能实现均衡发展、协调发展、科学发展,体系建设、体系发展就成了一句空话;前瞻性是装备建设动力和活力的源泉,引领着装备建设发展的方向,牵引和激励着装备技术不断创新和突破。装备建设的科学性、针对性、前瞻性不是一个并列的概念,由于装备建设的复杂性,三者既有各自独立的含义,彼此又有着很强的内在联系。受政治、经济、军事、科技等诸多因素影响,符合科学性的,不一定满足针对性,满足针对性的,又不一定符合前瞻性,具有前瞻性的,又可能不符合科学性;而从另一个角度,就产品-装备形成过程而言,科学性、针对性更多地体现在实现过程中,体现在谋划、筹划和考虑问题的思路里,前瞻性是装备建设目标的结果和状态,是科学性、针对性的综合体现和结晶,或者说没有前瞻性的装备一定是没有科学性、针对性的,因而,也一定没有强大的生命力。因此在充分考虑装备建设的科学性、针对

性、前瞻性的基础上，还必须强化辩证思维、全局观念和发展意识，注意正确地把握和处理好三者的关系，使三者均衡，相得益彰，相辅相成，形成正循环。

五、结论与启示

装备建设的科学性、针对性、前瞻性的概念内涵十分丰富，是装备建设的核心和生命，没有科学性、针对性、前瞻性的装备建设一定是要走弯路和难以持久的。同时，装备建设的科学性、针对性、前瞻性三者之间既是相互独立的概念，又有很强的内在联系。科学性强调的是一种对科学规律的认识、遵循和敬畏，需要的是渊博的知识和科学素养；针对性更多的体现是坚持问题导向，坚持从装备建设实际出发、实事求是，需要的是正视现实的勇气和对指战员生命高度负责的态度；而前瞻性则体现在基于上述知识基础上面向未来的战略眼光和视野，需要的是对未来世界发展格局和各国军队建设发展趋势的准确判断和预测能力。因此了解和准确把握其内涵，遵循其内在的规律和特点，对改进和推动装备建设的持续发展、快速发展和体系建设、系统建设，形成体系作战能力，满足未来作战需求，具有重要的现实和深远的历史意义。

第二章　国外保持装备建设科学性、针对性、前瞻性的主要做法及启示

进入21世纪以来，随着世界军事领域竞争的加剧，各国的装备建设迅猛发展。为通过装备建设保持军事优势，国外主要国家对装备建设科学性、针对性、前瞻性越来越重视，特别是美国、英国、俄罗斯、加拿大、日本等主要军事强国，纷纷推出一系列重大举措，探索和形成了很多行之有效的做法，对装备建设的科学性、针对性、前瞻性起了重要促进作用，强力推动了装备建设的快速发展，归纳起来主要有以下特点。

一、国外主要国家保持装备建设科学性的主要做法

1930年，在关于是否建造英王乔治五世级战列舰的激烈争辩中，英国决策者们明确指出："如果决定建造被证明是错的，那我们仅仅损失的是金钱；如果决定不建造被证明是错的，那我们将损失整个大英帝国。"这句话对决策重要性的阐述可谓精辟至极、掷地有声，至今仍然闪耀着深邃的思想光辉，提醒着人们决策和正确决策的重要性。装备建设是一项十分复杂的系统工程，投资大，周期长，系统性、体系性要求高，同时也是一项政策性、法规性、敏感性很强和关注度很高的工作领域，要持续稳定、协调有序地科学发展，首先需要科学决策，决策是第一环节，也是最致命的关键一环。在装备建设中上什么，不上什么是带有方向性、根本性、全局性的问题，只有这些方向性、根本性、全局性的问题决策正确，才能有科学可谈。因此，决策至关重要。而决策往往是领导和领导机关的职能，具有明显的权力属性和个人意志，容易被官僚机构和长官个人意志所左右，囿于领导者能力水平、视野、经历的限制，再聪明、再智慧的领导也很难驾驭装备建设面临的复杂性，特别是为避免决策的主观性、局限性，必须形成和建立科学的决策机制，才能保证决策的科学性。为此，国外十分重视装备建设的决策机制建设，努力通过机制的科学，最大限度地实现决策的科学化。

（一）注重智库和决策机制建设，以机制的科学保证决策的科学

首先是重视智库机构建设，充分发挥专业智库的作用。美国等西方国家高度重视智库建设，据统计，目前全球6000多家智库，而美国就有1700多家，占1/4还多。例如，著名的兰德公司、布鲁金斯公司等都在国家和军队的一些重大决策中，有过杰出表现，发挥过重要而不可替代的作用。美国军方也设有一定数量的专家委员会机构，如：美国国防部2016年新设立的国防创新咨询委员会，主要职责就是向国防部长就国防创新的重大问题提出建议；采办、技术与后勤副部长牵头的国防科学委员会，主要职责是就国防科技与武器装备发展重大问题提出咨询建议；各军种也都设有科学委员会负责向军种提出决策咨询建议。通过吸收这些智库机构参与国防科技发展战略与规划计划论证研究工作，提高国防科技发展战略管理的科学性。同时，这些机构还参与评估评价工作，及时发现计划执行中的问题，并反馈到下一轮计划论证工作中，作为下一轮计划论证的起点，从而形成一个完整的闭环管理。

其次是不断优化装备采办管理体制，努力构建精干、高效的装备采办管理体制机制。为使决策科学化，美国国防部在装备采办中还开发了三大决策支持系统，旨在通过科学的手段，提高决策的科学性。即联合能力集成和改进系统、采办管理系统、规划和计划与预算系统。其中，对于联合能力集成和改进系统，还制定了专门规定其运行政策和办法的文件，作为美军作战能力需求论证的两项最新顶层文件。目的就是通过这三大系统的紧密有效合作，从政策上、机制上、程序和手段上，排除各种主观的人为因素，实现“以能力为中心”，以“未来联合方案贡献的大小”为衡量标准，能适应“转型”建设和要求的方案，充分发挥作战部队、各军种、各业务局、政府各机构、科技界、企业界的专家在装备论证工作中的创新作用，充分体现联合能力集成和改进系统在装备整个研制过程中的牵引和控制作用，确保采办、转型成功和美军作战部队快速获得高质量的装备。

（二）注重顶层设计，通过规划、计划实现装备建设发展的科学性

现代战争是体系与体系的对抗，要求装备建设必须遵循“体系建设、体系发展”的思路。同时，装备建设既涉及因素众多，是一个复杂的巨系统工程，也是一个长远的历史性工程，需要一代又一代人的接续奋斗，只要国家不消亡，装备建设就要不断持续下去。因而，必须从国情、军情出发，遵循时代特征和系统工程的原理，层层分解，按阶段目标，从长远绘制目标图像，按领域进行任务分工和组织实施。因此，搞好装备建设的顶层设计，做好规划、计划十分重要，已成为世界各国装备建设保持科学性的一个重要抓手。

装备建设的顶层设计，是从装备建设大局、全局、全体系、全方位的高度，依据国防建设的总要求和国家政治、经济、军事、安全战略的要求，对装备建设各领域、各要素建设发展的总体设计和筹划，是一定时期装备发展的蓝图。从横向上来说，要重点考虑资源的配置、各军兵种装备发展的比例，以及均衡性、协调性，装备体制系列、型谱的科学性；从纵向上说，要把握和控制建设发展的速度，使装备建设发展与国防建设的需求相适应，与国家的经济承受力相匹配，与国家的科学技术水平相一致。顶层设计一般考虑的是一个相当长的时期或阶段的长远目标，具有宏观性、前瞻性和战略性，因而是一个指导性、纲领性的文件；规划、计划是对顶层设计的具体安排和落实，必须具有实践性和针对性，必须贯彻顶层设计的理念，落实顶层设计的目标。

装备建设顶层规划作为指导性、纲领性的文件，其普遍和基本的做法是先明确能力建设目标，然后按照能力对装备提出的需求进行分解，从而形成装备建设规划、计划。这里能力既是牵引，也是归宿和落脚点，装备是基础和支撑，而最核心的还是确定清晰明确的能力发展目标，因而备受重视。例如，2016 年，美国空军发布《2030 年空中优势飞行规划》（以下简称《规划》），为做好这一规划，美国空军在 2015 年初就组建了“空中优势 2030”主题 ECCT，将来自空军各作战单位、核心职能部门的人员与负责需求、采办与科技的群体聚合，研究可在 2030 年及以后的强对抗环境中提供空中优势的能力选项。在这近一年的工作中，美国空军通过开展开放式概念征集等研究手段，共收集了 220 多个独立候选者/倡议者的 1500 多份建议书，内容涵盖装备发展、现有装备升级、非装备解决方案，并从技术成熟度、缩小能力缺口的可行性、成本等方面进行了评估，在此基础上提出了确保 2030 年美国空中优势的核心思路和装备发展重点，明确提出，美国空军将摒弃仅发展“下一代”作战平台的思路，而发展一整套可在并跨空、天、赛博三个作战域运用的“能力簇”。同时提出，必须采用敏捷采办，利用实验和原型化来加快引入先进技术的速度。基于此《规划》设计了基地部署与后勤，发现、锁定、跟踪与评估，瞄准与交战，指挥控制，非装备能力领域发展规划五大能力发展领域，将通过跨空、天、赛博域，能与电磁环境和地面/水面能力聚合的网络化“系统簇”来维持空中优势，其中的空中作战平台除下一代空战平台外还可能包括防区外武库机、B-21 轰炸机等，专家普遍认为，这是对以往依赖单一平台进行“机型替换”式更新换代思路的颠覆，从而引领美国空军装备的发展。

（三）不断完善装备采办制度，通过科学的采办制度实现装备建设的科学性

我国出版的《国防采办词典》释义：装备采办是指军方为满足军事任务或保

障军事需求，就武器或其他系统、物品、劳务（包括建筑）提出方案、计划、设计、研制和试验，签订合同，生产、部署后勤保障、改进及处理的过程。由此可见，装备采办是装备建设的核心内容，装备采办的科学性决定装备建设的科学性。要实现装备建设的科学性，必须首先保证装备采办制度的科学性。国外对此一直高度重视，不断对装备采办制度进行改革，力图通过科学的采办制度实现装备建设的科学性。

近50年来，美军的采办工作就一直在发展变化，几乎每隔几年就要进行一次大刀阔斧的调整或改革，不断推陈出新。目的就是通过科学的采办程序、制度，获取先进武器系统所需要的能力，以最好的方法、最经济的费用，及时、灵活、持续获得品质优良的武器装备。通过研究分析，我们发现虽然美军采办工作调整和改革的最终目的是一致的，但调整和改革的时机和内容以及阶段性目标却有很大不同。一般而言，其时机的选择是在国际国内政治经济战略环境发生重大变化，对军事能力需求产生重大影响之时；其调整重点和内容主要是依据当时新的国家安全战略环境对军事能力的新需求。而阶段性目标主要是适应当时的环境，解决现实已经出现或将要面临的挑战和问题。如此循序渐进、稳扎稳打、螺旋上升。例如，在20世纪80年代后期，由于苏联的解体和冷战的结束，美军明显的作战对手已不存在，需求和预算逐年降低，国防专用产品的采购数量越来越少，国防工业基础受到极大冲击。为适应这突如其来的政治和经济环境的急剧变化，美国国防部制定了新的政策和策略，对采办制度进行了一系列的改革。主要有以下六个方面的内容：一是按照1991年通过的国防部授权法，国防部成立了由政府和私营企业的专家组成的专家小组研究影响国防采办的法律，对公法101—510 800节等大约600条法律进行了审查，并就其中近300条法律提出了废止、合并、修改或以新法代替的建议，向国会推荐了一套相应的采办法案。1994年10月，美国国会通过了《1994年联邦采办合理化法（FASA）》和《1996财年授权法》，使装备采办走上制度化、法制化、规范化轨道。二是大力加强采购民用项目，从法规上消除采用民用项目的障碍，实质性推进国防采办。三是建立联邦采办信息网（FACNET），强调征求书和政府签订的合同采用电子数据交换（EDII），增强采办工作的透明性。四是放宽合同简化处理的范围，提高采办效率。五是采用商业惯例，选择采办项目进行商业化试点，边探索边前进。六是通过FASA规定小批初始生产（LRIP）条件下所能购买的产品数量范围，取消竞争性样机制造和备选货源的法定要求，减少经费的重复性投入，节约采购成本。通过上述这些举措，基本上实现了“降低采购费用、消除引进新技术的障碍和推动军民融合深度发展;推进国防工业企业进入商业市场,提高竞争能力"的目标。进入21世纪,"9·11"事件后,针对新形势,美国国防部又出台了新的国防采办政策,进一步推进采办改革,主要有以下五个方面:一是改革规划计划预算系统,提高国防资源分配的效率;二是发布新的国防采办政策和指南,增强采办的灵活性和高效性;三是推行采购系统,促进电子化采办;四是完善战时应急采办程序,做好战时装备保障工作;五是推进国防工业基础转型,提高装备生产能力。2014年,美国国防部发布3.0版"更优购买力"倡议草案,提出了改进国防采办管理、推动技术创新等8个方面33条举措。2015年,美国国防部对采办程序又进行了重大调整,颁布了新版5000·02指示《国防采办系统的运行》,从采办程序、管理体制、管理办法等方面对国防采办政策进行了全面调整,彻底突破了原来的采办框架,突出了快速采办,设计了渐近式部署软件采办模型和快速采办模型,将为美军快速部署新技术、新装备提供有力支撑,能够较好满足"第三次抵消战略"的需要,被称为美国国防采办政策的一次历史性、颠覆性变革。

英国,同美国一样,也是一个高度重视武器装备采办改革的国家。20世纪80年代以来,围绕着"缩短采办周期、降低采办费用、提高装备性能、加强国防能力",做"世界上最精明买主"这一现实目标,英国国防部对武器装备采办进行了多次改革,归纳起来主要有以下做法:一是树立武器装备全过程、全寿命管理的观念;二是强调各"要求"之间的协调和整体优化,不一味追求过高过强的装备性能,而是力求在性能、费用和进度之间寻求最佳平衡点;三是建立与工业界的良好伙伴关系,注重借助民用工业力量,满足军事需求;四是积极采用渐近式、竞争性等先进采办方法,实现精明采办;五是严格控制采办进度和费用;六是广泛采用项目综合工作组管理方法,将所有相关专家和企业界代表集合起来,统筹解决各种项目管理问题,提高采办项目管理效率和管理水平。

德国武器装备采办制度分成三个组成部分:一是要求形成;二是规划、计划和预算;三是采办管理。其中,采办管理是主体涵盖了将装备需求转化为武器装备并投入使用、维护保障、直到退役的全过程。

俄罗斯主要是通过不断强化和推进国防产品标准化的法理地位来改进和完善采办工作的。例如,为了促进科学技术进步,保证国防产品和联邦产品的质量、竞争力和安全,实现国防产品和联邦产品生产资料的有效利用,使国防开支和原料供应达到最优,实现国防产品和联邦产品的组件、配套产品和材料的兼容性和互换性,并提出优选单位,2002年俄罗斯联邦法律第184号文件《俄罗斯联邦技术监督法》明确规定,国防产品或国家保密产品如在订货中缺乏相应的技术法规要求，应由国防订货中作为国家订货人的联邦权力执行机构在其权力范围内制定，或由国家合同规定。2005 年 12 月，俄罗斯政府又颁布第 750 号政府令，即《国防产品和产品标准化》，作为《俄罗斯联邦技术监督法》的附加条款，以此提高国防产品和联邦产品的组件、配套产品和材料的兼容性、互换性，推动科技进步成果在国防产品研制过程中的快速转化，促进国防采办的实质性发展。普京就任总统后，在重振俄罗斯战略指导下，高度重视采办工作。为建立统一高效的武器装备订货管理体制，2004 年下令组建了俄联邦国防订货局，该局隶属于国防部，全面负责制定各军种武器装备发展政策、规划以及研制、生产、验收交付全过程的监督与采办工作；2007 年，俄罗斯又成立了政府直接领导的俄联邦武器、军事和特种技术及后勤物质供货局，从而使整个武器装备发展、采购、验收、检测全过程纳入政府的直接控制中；2014 年 9 月，俄罗斯总统又下令撤销该局，将军队装备研制采购职能交由国家采购司负责，实现了国防部装备主管部门对装备采办工作的集中统一领导。

加拿大，主要是通过不断更新采购清单来改进采办工作的。2014 年国防部发布了新版《国防采办战略》，提出了三个主要目标：完善需求开发和项目批准过程；从国防投资中获取最大经济利益；完善国防采办过程。2016 年 5 月，国防部和武装部队联合发布了新版《国防采办指南》（DAG），旨在帮助工业界建立潜在国防竞标者和与未来可能的机会相一致的自身长远规划。值得注意的是，为反映加拿大武装部队不断变化的需求，DAG 每年更新一次，包括清单预计时间表、合同价值等内容。2015 年提出的 85%的建议已更新，在 2016 年的 DAG 中有 38 项新建议，均已在 2017 年的新防务政策中得到广泛的更新，以确保防务装备和服务的采购能够增强加拿大的工业能力，以及时响应的方式满足防务需求。

日本，2016 年 10 月，防卫省在合并原有技术研究部、装备设施本部、装备局等部门的基础上，正式成立防卫装备厅，负责装备研制、采购、维修保障与退役的全寿命管理，改变了此前技术研究、装备研制、装备采购由多个部门分段管理的模式，实现了装备全寿命业务的集中统一管理。

二、国外主要国家保持装备建设针对性的主要做法

注重作战理论研究，通过战争模拟、演习演练的实际数据来指导和改进装备设计，是国外主要国家增强装备建设针对性的普遍做法。装备建设的针对性是坚持战斗力标准在装备建设中的具体运用，是装备建设必须遵循的原则之一。具体地说，就是指装备建设必须始终紧紧围绕装备建设的最终目的、最终目标，

要瞄准打仗、瞄准打赢。从系统研究的角度看,装备建设的针对性应该有两个方面的含义:一是指武器装备建设系统本身的全过程、全寿命、全领域、全方位的针对性,它包括武器装备系统采办的全部内容,属于采办政策、方针和具体流程制度、机制建设方面的;二是指单一武器装备本身的针对性,它包括武器装备构成的各个要素、指标。这里需要说明的是,关于采办以及装备全系统建设方面存在的问题,前面说过更多的属于政策范畴的管理问题,我们在前面采办的科学性一节已经述及,而且形成了很多做法,这些做法都是基于解决当时已经暴露或发现的潜在问题,是在问题导向指导下形成的,因而已经具有很强的针对性。同时从根本上说,针对性也是科学性的一部分,所以此处不再重复。这里重点介绍国外单一武器装备建设中保持针对性的一些做法。

(一) 坚持需求理论指导

需求牵引是装备建设的铁律,也是提高装备建设针对性的根本举措。只有需求明确,装备建设才有方向、才有针对性。这一点既在装备建设理论工作者中形成普遍共识,更为世界各国装备决策机关和领导者所推崇。进入 21 世纪以来,随着科学技术的发展和装备建设复杂性的提高,装备需求问题越来越引起装备理论界的重视,逐步成为一种独立的学科;相继出现了一批理论、方法、措施方面的阶段性学术成果,为做好军事需求研究提供了理论依据。

美军早在 20 世纪 60 年代初实施的“规划、计划和预算制度”(PPBS),就采用系统工程的理论方法分析研究需求问题,把国家安全战略、军事需求和军队建设紧密结合起来;20 世纪 80 年代中期,形成了三位一体的采办制度,即在 PPBS 基础上增加需求产生制度(Requirements Generation System,RGS)和采办管理制度,需求产生制度确定各军兵种到底需要什么装备,采办管理制度保证这样的装备可以被设计出来,PPBS 制度则要把设计这样的装备所需的资源限定在一定范围之内。

在 RGS 中,主要通过任务需求书和作战要求文件表述需求。任务需求书以概括的作战用语表述作战需求。作战要求文件比较具体,规定了如速度、持续时间、可靠性、精确度等具体参数,还包括阈值和目标值。按照 RGS,需求产生开始于各军种,各军种对当前和未来的能力进行不断评估,在评估存在的缺陷的基础上,确定新的需求和新的计划。

在“基于能力”取代“基于威胁”的防务理论之后,2003 年 8 月美国国防部采用联合能力集成与开发制度(Joint Capabilities Integration and Development System,JCIDS)取代原来的 RGS,更加强调以联合作战为核心的能力建设,为参联会主席和联合需求监督委员会评估、确认联合作战能力需求提供支持。JCIDS 是一个严格的分析程序，以确保需求提案符合未来联合作战需要。如果军种的需求提案不能适度（或强力）支持联合作战所需作战能力，将会被拒绝或被打回军种补充。

JCIDS 以国家安全战略、国防战略和联合作战概念为指导，以发展面向联合作战的全谱军事能力为核心，形成一整套成体系的军事能力需求分析方法和流程，已经成为美国国防部新采办和作战能力开发体系的一个重要组成部分。

（二）注重用作战理论引领

坚持作战理论先导，重视作战理论研究，以理论为指导提高装备建设针对性。装备是达成作战目的的物质基础和手段。装备建设的最终目的是为打仗服务的，战争形态和作战样式的变化必然对装备建设产生影响。因而，装备建设必须坚持作战理论引领才有针对性。美军是最注重作战理论研究的军队，也是最注重用作战理论引领装备建设的军队，在这方面有很多成功的实践和范例。例如：美国海军陆战队在美国陆军《作战纲要》中机动作战思想与传统两栖作战思想相结合下，创建了“两栖作战理论”“超视距登陆作战理论”；在美国海军“由海向陆”战略思想指导下，《海军陆战队 2010 年作战构想》中提出了“由海向陆机动作战”理论，随后发表了《21 世纪海军陆战队战略》，进一步阐述为“远征作战”理论；在“超视距登陆作战理论”指导下，美国海军陆战队开始研制 MV-22 鱼鹰偏转翼飞机、LCAA 气垫登陆艇和 AAAV 先进两栖突击车；随着“远征作战”理论的产生，美国海军陆战队又及时将两栖突击车改为“EFV”远征战车。此举不仅表明美国海军陆战队将超出以往两栖作战离岸距离的限制，深入内陆纵深地域实施作战行动，也从实践上说明了作战理论对提高装备建设针对性的作用。

（三）强化作战概念牵引

第二次世界大战以来，屡经战斗检验的美军，不仅一直重视作战概念创新，还善于用新的作战理念和概念影响军队的转型和装备建设，争取国防经费的投入。大到“星球大战计划”，小至一次战役、战斗的设想，都曾一度对装备建设产生过强的影响，引领着装备建设的发展方向。例如：美国为支持“第二次抵消战略”提出的“空地一体战”作战概念，不仅在海湾战争中大获成功，震惊世界，还大大推动了美国陆军战术地地导弹系统、空军 E-8 对地监视与攻击指挥飞机等装备技术的快速发展；在提出“第三次抵消战略”之前，美军针对“反介入/区域拒止”威胁制定和发展了“空海一体战”作战概念，2015 年，针对“空海一体战”作战概念的不足，美军参联会联合参谋部又将“空海一体战”更名为“介入机动于全球公域的联合概念”，目的是将美军的联合作战水平由“军种联合”提升至“跨域协同”。军事专家分析认为，这一概念将成为支持“第三次抵消战略”的重要联合作战概念，将对美军的转型建设和装备技术发展产生重大影响。再如，2015年10月，美国海军提出将海上反舰与防空能力分散到更多水面舰艇的“分布式杀伤力”概念后，美国国防高级研究计划局（DARPA）立即开展“体系集成技术与试验”项目，探索分布式作战概念，如今，分布式体系作战概念正成为指导美国海军装备发展的重要思想。2016年以来，代表美国陆军未来发展方向的“多域战”作战概念，不仅对美国陆军作战样式、力量编成、人员结构、训练产生了革命性影响，对美国陆军装备体系发展产生的影响也将是深刻而巨大的。观察家们注意到“多域战”概念提出后，一些陆军项目已开始被调整或削减。例如：为适应未来“多域战”对远程精确打击能力的要求，美国陆军联合国防部战略能力办公室启动了陆军“远程精确火力”项目，填补陆军300~500千米射程覆盖空白，并具备对移动目标、时敏目标、舰船的打击能力，成为支撑美国陆军“多域战”概念的主要火力装备之一；同时，依据这一作战概念，着眼未来联合作战发展，美国陆军确定了应重点发展的八大关键能力，即跨域火力、作战车辆、远征任务指挥、先进防御、网络与电磁频谱、未来垂直起降飞行器、机器人自主化系统、单兵/编队作战能力与对敌优势等。毫无疑问，由此又会牵引出一批新的装备和技术。综上，可以看出：创新作战概念已经成为美军牵引装备技术发展的重要抓手，深刻改变和推动着美军装备建设的发展方向。

（四）瞄准作战一线急需

美军是近代世界上经历战争最多的军队，也是最善于从战争中学习战争、不断从战争中总结经验的军队。几乎每打一仗，就改变一次战争样式，就研制更新一批装备。从实战中检验和考核装备，针对实战改进装备、瞄准实战、面向威胁研发新装备，已成为美军装备建设的一种特有模式。例如：2000年，美国阿利伯克级驱逐舰“科尔”号在亚丁港遭恐怖袭击后，立即出炉了一项称为“沼泽工厂”的新计划为创新型概念提供研究基金，从而衍生出了一支日益庞大的研究谱系，催生了一批非常实用、针对性很强的研究成果，如用于提高抗爆性能的涂层材料等；“9·11”恐怖事件发生后，美军为在阿富汗山区的洞穴中追击基地组织，调动了大约100名工程师、科学家和技术人员，仅用67天就设计、开发并交付了11枚“温压弹”样机，2003年3月，第一批激光制导的“温压弹”就在战斗中投入使用；2003年春，美军发动“自由伊拉克行动”后，美国海军立即制定了“响应行动”，主要任务是寻找和确认关键作战技术空白，加速各项创新技术向前线转移。在“响应行动”的推动下，一套用于快速采购和新技术嵌入的系统被建立了起来，快速有力地保证了部署到伊拉克的海军陆战队及时获得和拥有最好的武器和防护装备——火力对抗装备、“悍马”军车，或是防弹衣。2003 年年末，在美军进入伊拉克执行任务 9 个多月后，发现简易爆炸装置已成为伊拉克战争中导致美军人员伤亡的最大元凶，国防部立即将一个小型陆军工作组任命为专项任务特别小组，专门从事应对简易爆炸装置工作，由此衍生出了一个旨在应对临时爆炸装置威胁的“迷你曼哈顿计划”，催生了一批打击恐怖主义和应对非常规战争的有效装备和使用方法，促进了美军的转型建设，其针对性之强，开发能力之快，足以令世人瞠目。

（五）强化作战实验评估

通过实验数据，提高装备建设的针对性。实验既是跳出常规进行探索的机会，也是风险管理的有效手段。由于军事组织的特殊性，如果不能全面理解实验战役，不显著提高实施实验战役的能力，就不可能在创新与风险之间达成合适的平衡。这是对作战实验而言，对装备建设同样适用。作战数据包涵装备数据，没有装备数据，装备效能就难以评估，作战实验效果就无法验证，作战实验就无法开展，所以作战实验的过程，就是检验装备效能的过程。作战实验实质上是基于装备实验的基础上，作战实验的结果数据，对于改进和修正装备研制具有非常现实的指导借鉴意义，是新装备研制的基础。其创新并通过实验验证提出的作战概念，又是新装备、新概念武器装备孕育的温床，引领装备建设的方向。美军历来高度重视作战实验建设，并走出了一条依靠作战数据开展作战实验，通过作战实验验证和推出作战概念，进而推动装备建设良性循环的成功之路。前面提到的美国空军《空中优势飞行规划》，就是其研究团队利用现有分析工具，在进行了独立、大量的建模和推演基础上，充分利用作战实验成果形成的。

（六）加强成熟技术推动

技术是装备的重要组成部分，有什么样的技术，就有什么样的装备，技术发展到什么水平，就会衍生出什么水平的装备，所以，脱离了技术支撑，装备建设就是空中楼阁，沙中建塔。如果不能敏锐地注意到这一点，仍然用老的技术，肯定生产制造的也是老的装备，必然落后于别国，落后于时代，使装备建设输在起跑线上。因而，及时将成熟的技术用于装备建设，已成为世界各国推动装备发展和增强装备建设针对性的重要途径。例如，美国国防部规定，承包商在竞争研制合同时技术应达到足够成熟水平（技术成熟度 6 级或经过相关环境验证），以便更准确地评估成本和进度。《2009 年武器系统采办改革法》要求国防研究与工程主任定期评估重大国防采办项目的技术成熟度,并向国会提供年度报告且同时制定一套基于知识的标准,据此在采办过程的关键阶段衡量关键技术的成熟度和技术集成风险。技术成熟度管理思想在采办中的应用,体现了技术成熟的客观规律,有效提高了装备建设的针对性。

(七) 开展装备制造评估

装备是制造出来的,制造能力和水平如何直接决定装备建设的质量和水平,决定装备建设的目标能否实现。基于此,各国对装备制造能力和水平都普遍重视,并把其作为提高装备建设针对性的重要因素予以考虑。美国自 20 世纪 70 年代开始就建立了武器装备里程碑节点评估机制,如图 1 所示。里程碑 A 的主要任务是评估所选定方案的技术研发草案,决定项目是否进入技术研发阶段;里程碑 B 的主要任务是评审技术研发阶段的技术风险降低及成熟度的提高,审查系统集成方案,确定生产量,决定项目是否进入工程与制造研发阶段;里程碑 C 的主要任务是根据试验鉴定的结果评估工程与制造研发阶段的工作完成情况,决定项目是否进入生产阶段。该方法实行以来,不仅为美国国防节省了大量经费,也极大地提高了美国武器装备建设的针对性。以后,虽然随着形势的变化,美国国防部对其多次进行了修改,但主体框架并没改变,一直延续至今。

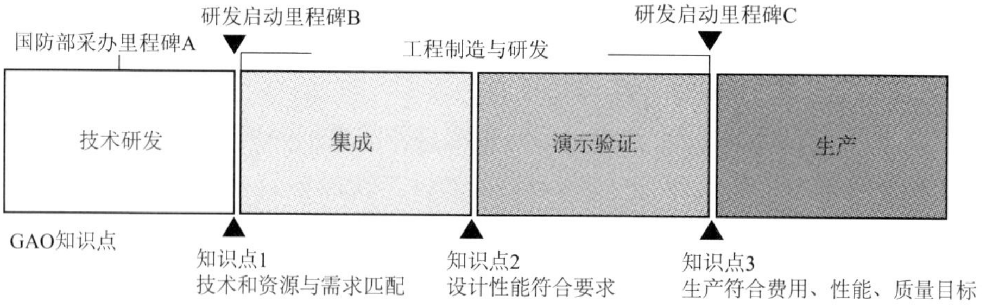

图 1　美国国防部采办里程碑

(八) 重视演示验证

演示验证是装备研制前的最后一个环节,也是保持装备建设针对性、实现装备建设目标的关键环节。必须重视演示验证工作,高标准地组织开展演示验证。加强演示验证的筹划,细化各项指标,严格按照设计指标和研制总要求,尽可能创造近于真实的使用环境,对装备进行全系统、全要素、全方位的演示验证。同时高度重视演示验证结果的处理和分析,及时将结论反馈到论证、设计、制造单位,作为改进和新型号装备研制的重要依据。

（九）坚持问题导向、问计于官兵

归根结底，武器装备是为打仗用的。是否顶用、好用、可靠，战场最有说服力，一线官兵最有发言权，问计于广大官兵，坚持作战需求牵引，战场需要什么就发展什么，打什么样的仗就发展什么样的武器，装备在作战使用、作战训练中暴露什么问题，就研究解决什么问题，以此突出装备建设的针对性、有效性，这是世界主要国家，尤其是美军长期以来的一贯做法，这实质上也是“设计武器装备就是设计未来战争”这一理念在装备建设中的实际运用。

三、世界主要国家保持装备建设前瞻性的主要做法

国防科技是构成装备建设前瞻性的核心要素，没有国防科技的进步，就没有装备的发展；没有国防科技的突飞猛进，就没有装备的更新换代；同样，没有国防科技的先进性、前瞻性，就没有装备的先进性、前瞻性。所以通过国防科技创新引领和保持装备建设的前瞻性，已成为世界各国的普遍选择和推动装备技术迅猛发展的源泉，不断为新装备的出现提供强大支撑和动力。

（一）以国家重大战略工程和国防军事战略引领

国防科技高精尖技术密集，涉及领域广、投入大、起点高、突破难，把国防科技创新上升到国家战略的高度去统筹、去发展、去推动，调动国家资源、力量，组成“国家队”，实现国防建设和国家经济建设协调发展，既是各国国防科技创新的有效之举，也是必由之路，必然选择。这里也有两方面的问题：一方面是国防战略和国家战略的统筹问题，必须坚持国防战略服从、服务于国家战略，这是最高层面的宏观问题，如众所周知的“曼哈顿工程”“星球大战计划”等，都一度广泛影响和推动了美国国防科技的创新，引领了一批批装备技术的发展走向世界前沿；另一方面是国防战略下的国防科技创新问题。以能力建设牵引国防科技创新发展为目标制定国防战略，把国防科技创新作为国防战略的重要支撑和核心要素突出出来，坚持国防战略指导、引领下的国防科技创新，实现两者的相辅相成，互为支撑，良性互动，既是美军保持装备建设前瞻性的典型做法，也是美军装备建设长期以来探索的一条成功之路。比较有代表性、最能说明问题和富有成效的就是美国国防部制定的三次“抵消战略”。“第一次抵消战略”，亦称“新面貌”战略，是 20 世纪 50 年代实施的。它以大规模核报复为基础，旨在发展核技术，依靠核武器优势抵消苏联常规力量的优势。“第二次抵消战略”是在 20 世纪 70 年代美苏已形成核均势的背景下实施的，重点是将先进技术嵌入传统武器系统，发展精确制导武器和情报侦察监视系统，为美军提供质量优势和颠覆性

常规军事能力。2014 年 9 月美军制定的“第三次抵消战略”，更是把建立不对称军事技术优势作为核心，更加凸现国防科技创新的作用和加速推进国防科技创新、与他国装备技术形成代差、拉开距离的企图。时任美国国防部常务副部长沃克直接将制定“第三次抵消战略”的目的解释为：寻求敌人达不到的技术边界，作为一种抵消敌方庞大数量优势的手段。有专家分析指出：美国制定的“第三次抵消战略”的核心目标就是选择具备有效威慑和实战制胜双重作用的颠覆性军事技术领域，加速实现技术突袭，形成对手难以跟随或对抗的“改变游戏”规则的军事能力。在这一战略指导下，2014 年 11 月，美国国防部部长哈格尔签发“国防创新倡议”备忘录，这标志着国防科技创新已成为美军“第三次抵消战略”的核心组成部分，为形成该战略而开展的全面国防创新工作正式启动，其中，国防科技创新、装备采办创新和作战概念创新三个方面是重点。对此，哈格尔曾直截了当地指出“我们需要出台一项覆盖整个国防部门的宏伟计划，通过技术识别和创新投资，确保美国在 21 世纪继续拥有军事优势”，经过长期发展，美军在国防科技方面形成了“一大战略，三大规划”的战略规划体系，明确国防科技发展目标、关键技术的发展路径。1992 年、1994 年、1996 年、2000 年共发布四版《国防科技战略》，并同步制定三大支撑规划，包括《国防基础研究规划》、《国防技术领域规划》和《联合作战科技规划》，分别从科学、技术、军事运用三部分出发，阐明研究体系、厘清研究目标、突出研究重点。各军兵种和国防部门业务局分别出台并定期更新本部门的科技战略规划，如《技术地平线——空军 2010—2030 年科技发展愿意》《陆军科技主计划》《国防高级研究计划局战略规划》等，明确各部门国防科技发展的战略构想、重点领域和政策措施，形成与国防部层面战略规划相配套的战略规划体系，确保国防部相关战略规划的有效落实。其对国防科技创新和依靠国防科技创新保持前瞻性的重视程度由此可见一斑。

（二）多措并举吸引全社会力量参加国防科技创新

国防科技创新是保持装备建设前瞻性的根本途径。抢占科技制高点，不断增强国防科技创新的能力水平，使国防科技始终走在技术发展前沿，引领装备建设发展，已成为世界各国装备建设保持前瞻性的主要做法。例如，美军尽管在国防科技创新领域已遥遥领先，让世界各国难望其项背，但还是不断加大投入，全力推进国防科技创新，保持前沿水平。仅今年以来就连续出台了很多新的举措，2016 年 3 月，美国国防部长卡特宣布成立国防创新咨询委员会，其主要职责就是为国防部提供关于创新和实现创新方法的独立建议，强调应对未来组织和文化挑战，包括可替代技术使用、项目管理流程和方法简化等。5 月，美国国家科技委员会国土与国家安全委员会发布了《21 世纪国家安全科学、技术与创新战略》从国家安全的角度对美国科技发展与创新问题进行了战略层面的谋划，为美国 21 世纪面临的国家安全挑战提出科技解决方案，战略开篇就强调：科技领导力已成为美国国家安全的基础。6 月，美国国家航空航天局（NASA）举办“改变游戏规则技术”行业日活动，目的是明确未来重大创新技术与能力的投资方向，重塑美国未来空间探索的能力和模式，并基于 2015 年发布的新版技术路线图，确定了未来将投资的 11 项重大创新技术。为更好地扶持“第三次抵消战略”，同月，雷声公司发布《面向未来——培育新兴技术》报告，明确将重点发展人工智能、人机交互、无人系统、量子计算等 11 项前沿与颠覆性技术，并致力于将这些先进技术用于未来实战。9 月，美国海军发布 2016 年版《水下科学与技术目标》，进一步明确了美国海军水下战科学技术的发展重点和目标。10 月，美国国防部长卡特宣布，将在得克萨斯州、奥斯汀州成立新的国防创新试验小组，重点关注工业级 3D 打印创新、人工智能、机器学习技术、自主性、快速康复生物技术等领域。各国专家普遍认为：这是美国国防部借助商业力量推动国防科技创新的又一次革命性的尝试，必将进一步推动美国国防科技的快速发展；日、英等国步其后尘。为洞察未来科技走向，谋求军事技术优势，日本防卫省发布《中长期技术评估》报告，明确日本防卫装备厅未来 20 年的技术发展重点和具体方向，提出了日本未来军事技术的四大发展方向、18 个重点发展的装备技术领域和基础前沿技术，引导日本防务科研部门发展“改变游戏规则”的前沿技术，确保日本防务领域的技术优势；2016 年 8 月，出台了首份《防卫技术战略》，并同时发布《2016 年防卫技术中长期展望》《无从装备研究开发构想》等文件，进一步明确日本防卫技术的发展目标、方向重点、任务要求等，指导日本防卫技术发展。为获取未来军事优势，应对不断变化的安全威胁和挑战，据英国政府网站 2016 年 12 月 8 日报道，为促进政府防务与安全部门同工业界、学术界和盟友之间的协作，以针对最紧迫的国家安全挑战快速开发创新性解决方案，英国国防科技研究院（DSTL）正式启动了防务与安全加速器，同年 7 月，作为英国国防创新计划的重要组成部分，DSTL 公开征询组建该加速器的建议。工业界和学术界 500 多人参与网上讨论，共产生 200 多条创想。讨论者普遍认为应吸取国防企业中心（CDE）的成功经验，过去 8 年 CDE 签署 1000 多项合同，其中 43%授予中小企业，29%授予大型企业，还有 28%授予大学。防务与安全加速器将取代 CDE，并在其基础上更进一步，帮助供应商克服研发的障碍，确保英国充分利用创新者维持优势。同日，在国防创新基金支持下，该加速器发起单项国防挑战项目，以应对信息时代的国防需求。9月,英国国防部又发布了《国防创新纲要:通过创新取得优势》,从顶层上勾画国防科技创新远景和战略构想,将采取一种系统性、开放的创新方案,重点关注建立对国防创新的了解,定义及传达国防部的优先事项,在最广泛范围内征求创新构想,加强利益相关者、合作伙伴的合作,使创新解决方案成为现实。2017年初,发起加速器持久挑战项目,针对国防现有需求寻求解决方案。该加速器将与供应商紧密合作,进行概念探索,采用潜在的创意、技术和服务;支持供应商和潜在用户实现创新和价值,帮助跨越死亡之谷。加速器主管罗伯·萨利(Rob Solly)表示,未来几年,他们将采用新的协作方式,充实创新伙伴队伍,开发和验证支持创新技术利用的新方式。加速器持久挑战项目第一轮竞赛已经开始,提交建议书的截止时间是2017年4月5日,加速器已开展了两项竞标,其中"针对国防需求的人类信息革命"总拨款300万英镑。加速器的首个"持久挑战"竞标为国防与安全领域创造了机遇,2017—2018年期间可提供经费高达6000万英镑。2016年12月,美国会审议通过了《2017年国防授权法》,要求国防部拆分负责采办、技术与后勤的副国防部长职能,分设负责研究与工程的副国防部长和负责采办与保障的副国防部长,同时明确研究与工程副国防部长,在排序上列其他副国防部长之前,直接对国防部长负责,其目的就是要改变重型号研制轻基础研究的传统做法,进一步推动国防科技创新。这被视为美军冷战以来,在国防科技与装备建设管理领域最为重大的一次变革,体现了美军对国防科技创新的重视达到了一个新的高度。新体制于2018年正式运行。

(三)通过国际合作促进国防科技创新

开展国际合作,坚持开放性和国际性,通过国际合作、有效利用各国的资源,分担研制费用,形成经济规模生产,使国防科技创新居于更高水平,装备研制站上更高起点,是近年来世界各国保持装备建设前瞻性的一个普遍做法,是21世纪装备建设呈现出的一个新的特点。

美国,2014年,为从战略层面加强国际科技合作的顶层谋划和指导,国防部发布了《国际合作与交流战略》,明确指出要通过与国际社会进行前瞻性基础研究合作,深化拓展国内科学工程活动,营造科学发现的大环境;同时还打破传统主要面向欧洲科技强国开展合作的做法,开始与更多国家开展科技合作,以在更广范围内寻求可能为美军科技创新提供支持的机会。美军认为:"没有哪个国家能够垄断所有的创新思想。一些国家独特的文化、历史甚至地理条件有助于发现能够解决我们面临问题的一些创新方法。"

英国也非常重视国际合作，在《纲要》中就明确要求加强与关键盟友协作，特别是借美国“第三次抵消战略”之势与其在国防科技领域开展深度合作；同时，与法国订有互惠采购协议，使研制武器装备合作制度化；与西欧各国和北约盟国合作更为紧密，大力推动建立欧洲军备局，并积极参加其活动。英国还规定，外国承制方可以向大多数英国武器装备采办项目投标，可以作为主承制方，也可以作为转包商。2015 年，为提升空间研究能力，英国发布首份《国家空间政策》，明确提出，政府应致力于开展国际合作，为空间利用创建法律框架，加强空间任务与应用方面的国际合作。

日本，2013 年以来，陆续与英国、以色列、法国以及东盟等多国签署防务合作和技术协议，开展潜艇、导弹、舰用动力等多型装备技术合作或出口；尝试参与美国导弹系统、F-35A 战机等先进装备生产等，获取先进军事技术。2014 年 6 月，日本防卫省发布《防卫生产和技术基础战略》，这是 1970 年发布《关于装备生产及研发的基本方针》后 44 年来首次出台的防卫产业战略。新战略阐述了日本 44 年以来防卫装备以国产化为基础的方针，转而积极推进国际共同开发战略，强调从官民长期合作、提高国际竞争力、高效获取防卫装备三方面推进国际共同开发战略。根据新战略，日本将进一步与拥有先进国防工业能力的美、英、法等国展开合作，并在海洋安全保障领域与澳大利亚、印度和东南亚国家加强合作。2015 年版《日美防卫合作指针》中明确提出日美两国将加强国防工业方面的合作。目前，日本已参与美国“标准”-3BLOCKⅡA 型反导拦截弹、F-35A 战机等的研发生产，向美国出口反导拦截高性能传感器等核心部件。同时还计划扩大本国企业参与 F-35A 战机生产的范围，并积极争取将 F-35A 战机亚太维护中心设在日本。2017 年 3 月 16 日《日本产经新闻》报道，目前日、英两国已经完成新型空空导弹的研究。报道称：日本政府 1 月的总结中说，日、英高水平的技术相互配合可以开发出世界最高水平的空空导弹，其基础是英、德、法等欧洲六国共同开发的“流星”导弹，与日本研制的 AAM-4 导弹技术的组合。前者推力强劲，后者侦察和跟踪目标的能力出色，两者的结合在技术形成优势互补，就使导弹性能达到了世界上最高水准。同时，该报道还称，除了共同研究战斗机导弹技术的工作，日本防卫装备厅还在 2018 年最终决定与英国联合研制新一代隐身战机。这也将是日本首次与除美国之外的国家展开隐身战斗机研制的合作案例。

德国，联邦军事与采办总署与德国标准化委员会签有合作协议，明确如国防部对某项标准有兴趣，军备部门可以与 DIN（德国标准化协会）在国内、欧洲和国际范围内进行合作。

（四）加速民用技术向军事领域的转化

通过加速民用技术向军事领域的转化及时吸纳最先进的技术成果，把最先进的科技成果运用于军事，从而提高装备研制水平，保持装备建设的前瞻性，既是世界各国装备建设的普遍做法，也是各国装备建设共同的成功经验。在这方面仍然是美国走在了前面。自 1994 年开始，美国国防部为适应全球政治、经济和技术环境的深刻变化，确保国家长远安全，以及摆脱国防部面临的国防预算锐减，国防工业规模缩减、重组和联合等困境，美军对采办进行了一系列重大改革，其主要举措之一就是促进民用技术向军事领域的转化，依托民用工业基础，获取技术优势和采办先进武器系统所需的能力，以最好的方法、最经济的费用，及时、灵活、持续地获得品质优良的武器装备，持续加大采用民用产品的力度，利用投资密集型民营部门的力量，降低寿命周期费用，加速吸纳新技术，改善零部件的可靠性和可用性，发挥强大民用工业在后勤保障方面的作用，以保持美军的技术优势，实现其未来军事、政治、经济的战略目的。近年来，面对国防预算持续下降，其科技优势地位面临的挑战越来越严峻的形势，时任美国总统奥巴马更是以"我们正处在新的卫星时刻"表达对科技发展态势的担忧，不断加强科技发展的战略指导，其中很重要的几个重大举措都是带有民用技术向军事领域转化背景的。例如：以发展国家级科研计划为契机，推动军民科技在国家层面尝试融合；通过利用网络时代赋予的低门槛、跨地域协作手段，推动军事科技从"精英创新"向"全民创新"发展；借鉴商业孵化高科技公司模式，加速军事技术的商业运用，以及运用商业现货应用新模式、国际合作等方式，进一步加快军民融合科技创新发展步伐。为此，美国国防部自 2011 年开始设立了"快速创新基金"（RIF）和优先支持技术领域的广泛机构公告（BAA），主要面向小型企业，鼓励他们将创新技术嵌入国防部的采办项目。自启动以来，共收到了 8600 多份白皮书和 500 多份完整的建议书，授出了约 360 份合同。2012 财年和 2013 财年的拨款分别为 2 亿美元和 2.5 亿美元，2014 财年为 1.75 亿美元。RIF 项目要求在合同签署后的 24 个月内完成，成本不能超过 300 万美元。

英国在"纲要"文件中明确提出建立开放式创新"生态系统"，要求国防部与工业部门、学术界以及盟国建立有效、高效、多产的伙伴关系，同时设立面向军内外所有机构开放竞争的总额约为 8 亿英镑的"国防创新基金"，支持未来 10 年对创新解决方案的开发，对通过开放竞争程序选出的国防新概念进行投资；创建名为"国防与安全加速器"的创新中枢机构，作为一个"创新生态系统"，为国防供应商提供甄别、培养及解决方案的环境，加快创新思想从概念到应用的进程，与政府采购机构合作，推动创新解决方案的交付。“国防与安全加速器”还十分注重传统国防供应商之外的环境解决方案。“颠覆性能力”项目也将通过“国防与安全加速器”向外部机构开放；2014 年 5 月，英国颁布《2014 年国防改革法案》，法案一项重要规定就是：允许政府与私营部门实体（GOCO，即政府所有，企业运营的实体）签署国防装备与服务采购合同，为国防装备与保障局（DE&S）的转型奠定了法律基础，也从制度机制上有力推动了民用技术向军事领域转化的深入发展。

印度，随着军事变革的深入推进，利用民用资源促进武器装备发展与保障已逐步成为印度的政策导向。为让私有企业参与武器装备研制生产，2010 年，印度政府发布了《技术展望与能力路线图》，专门阐述了如何通过调动包括工业部门、私营企业、政府，以及学术机构在内的多种国家资源来满足军队的能力需求。印度政府还向私有企业开放国防工业，宣布私有企业可以 100% 地投资国防工业，私有部门可以为军品供应原料、半成品和军品的零备件和部件，确保了民用技术向军事领域转化顺利稳步向前发展，使其武器装备生产研制能力得到了极大提高。为有意向在防务领域拓展业务的中小企业和微企业提供基金，2016 年 12 月，印度国防部成立了技术发展基金会，它将为中小企业和微企业的每个防备技术项目提供 1 亿印度卢比的经济支持，这些项目一般在获得经费支持 2 年后商业化。英国（简氏防务周刊）网站 2017 年 4 月 11 日报道：近期，印度政府又批准设立了国防创新基金，国防部介绍，设立该基金的宗旨是：创造一个“促进防务领域创新和技术开发”的生态系统，支持自主研发军用现代技术。印度国防部 4 月 7 日表示，国防创新基金一开始将由印度两家最大的国有军火企业出资，启动资金估计会达到 10 亿印度卢比（约合 1550 万美元），但后期将谋求通过政府拨款和公私部门组织捐款筹措更多的经费。该基金将与印度研发机构、学术界和工业界建立联系，为其提供经费“实施有望在将来商业化的创新发展”。印度政府接二连三地推进各种融资计划，其实质是通过刺激本国私营企业的增长，推动民用技术向军事领域转化的深度发展，进而增强国防领域的竞争，使国防领域能及时获得最新、最好的技术。

日本是一个典型的寓军于民国家，一直奉行寓军于民的装备发展策略。近年来，日本防务自主化倾向不断加强，要求建立更为强大的工业基础。2014 年，日本防卫省出台《防卫生产和技术基础战略》强调，在经费、能力允许的情况下，武器装备生产、维修、零部件供应由本国企业承担，保证武器装备战时快速供给，迅速构筑防卫能力。为保护可生产军品的重点民间企业和主要军品生产线，日本政府还出台相关激励政策，将军品产值占10%的企业列为重点军工企业，并从经费、管理等方面给予政策倾斜。日本政府平均每年拨给造船工业的经费就高达10亿美元，对于中小可生产军品的民间企业，日本政府也出台了许多政策以激励这些企业积极承担和拓展生产项目。日本目前公布的国防科技创新项目主要以军民两用技术为重点，如生物、材料、能源技术等。

世界主要国家还十分重视依托政府、科研机构、工业协会和大学等的技术转移机构，推进技术、成果在军民两个领域的共育和共享。例如，美国设有国家技术转移中心负责组织实施政府和企业之间的技术转移。国防部设有“先进技术商业化中心”“国防部技术转移办公室”等，负责对外成果的转化应用；“联邦实验室联合体”负责组织实施军民技术在300多个联邦实验室之间相互转移；“大学技术管理协会”负责组织实施大学之间军民技术转移工作。英国成立了“国防技术转化局”“国防多种经营局”和“国防多种经营委员会”等军民技术转化合作机构，有力推动了民用技术向军事领域转化工作的向前发展。

（五）重视国防工业建设

国防工业是装备建设的基础，“基础不牢，地动山摇”。国防工业的实力水平和发展潜力，是保持科技优势和实现科技制胜的重要发源地，是根本，决定装备建设的能力水平和前瞻性。为提升军事实力，各国在不断加强军事力量建设的同时，对国防工业的发展更给予了高度重视。

美国，在国防预算持续削减的背景下，推出多项政策维持国防工业能力。2014年美国政府出台多项政策，制定并执行“长期研究与发展规划计划”，在严苛的预算环境和传统优势受到其他国家挑战的情况下推动技术创新。先后出台了“技术补偿”“优秀供应商”激励政策，鼓励更多企业投资于在未来战场上能给美军带来优势的技术；推行“更佳购买力3.0”倡议进一步理顺繁琐的采办程序，加速先进技术的采办；加强对商业领域机器人、先进计算、小型化和增材制造等新技术的快速引入和应用。

日本，2014年6月，经过近四年研究出台的首份《日本国防工业战略》（以下简称《战略》）明确指出：必须维持必要的国防工业基础，生产符合日本自身需求的装备，必须走国内研发途径，确保能够具备独立生产无法公开采购和国际采购的装备；要积极将国防产业相关成果转为民用，牵引日本工业能力和技术实力的提升。《战略》还强调：在国际合作中，日本国防工业必须足够强大，具备与合作对象相当的能力，以在谈判中拥有话语权，取得有力的结果。为实现上述目标，提出了加强国防工业基础的 6 大举措，确定了 9 大领域装备技术的发展重点。对日本大力发展武器装备和提升国防工业能力产生了推动作用。

印度，2014 年 1 月，为加强国防工业基础建设，印度政府批准实施兵工厂现代化计划，耗资 25 亿多美元，对 41 家国有兵工厂进行现代化改造，其主要任务是替换老旧机器和采购现代化设备。英国《简氏防务周刊》2016 年 12 月 20 日报道，印度国防部宣布，印度的国防出口额和发放给国内企业的国防工业许可证数量均大幅增加。业内人士分析，国防出口额和国防工业许可证数量的增加明确表明，印度国防工业的产能和业务都在扩大。

俄罗斯，为促进国防工业健康稳步发展，俄罗斯出台了一系列政策，其中之一就是斥巨资用于军工企业的研发和技术创新。2014 年初，俄罗斯技术公司表示，将在 2020 年前投资 1 万多亿卢布，用于旗下军工企业的大规模技术改造和新产品研发；4 月，俄罗斯电子公司获得 4.4 亿美元工业能力现代化投资，主要用于提升俄罗斯电子公司真空微小电子组件、固态微波电子组件、光电子组件、防辐射电子组件和三维造型微型组合等光电产品的生产能力和现代水平，这是该公司 2014 年组建以来第二次获得重大投资。此外，俄罗斯工业和贸易部与俄罗斯国家技术公司合资的 STANKOPRM 公司还通过股本的方式实施战略融资，用于军工企业大规模技术改选和新产品研发。

（六）大力开展颠覆性技术研究

进入 21 世纪以来，随着科学技术的迅猛发展和在军事领域的快速应用，以技术优势保持军事优势，把“颠覆性技术”作为抢占军事制高点和“改变游戏规则”的突破口，已在世界各国形成普遍共识，并竞相发展，客观上也为促进装备建设的前瞻性奠定了坚实的基础。

美国历来高度重视保持主战武器的绝对先进性，努力通过“技术差”与作战对手形成“武器时代差”，打非对称作战，已形成常态化的研究机制。美国国防部在《国防科技发展战略》一书中，把其关键技术定义为：“国防科学技术中处于领先地位并对武器装备发展最为重要的和最有影响的技术。”21 世纪初，美军就加紧研制和部署国家导弹防御系统和战区导弹防御系统，以“全球化、灵巧化、快速化”为主要目标加强装备建设，实施“高边疆”战略，企图建立太空军事统治地位，通过全面强化军备维护其“一超”霸权地位。近年，美国制定的“第三次抵消战略”，其核心就是选择具备有效威慑和实战制胜双重作用的颠覆性军事技术，加速实现技术突袭，如发展无人/自主系统、敏捷制造、纳米及高超声速等新兴技术，从而形成相对于竞争对手的新的不对称军事优势。为此，美国设立了多个颠覆性技术专门研究机构，如国防情报技术预测和审查委员会（CDIATFR）和未来颠覆性技术预测委员会（CFFDT），美国高级研究与发展组织的“颠覆性技术办公室”（DTO）等，并形成了常态化的研究机制。据报道，2004—2012年间，为发现和识别颠覆性技术，为美国非对称军事任务填补能力空白，美国国防工业界先后组织召开了9次“颠覆性技术年会”。

俄罗斯也十分重视对战略前沿技术发展趋势的预测，敏锐觉察和意识到尖端武器装备的颠覆性和破坏性对国家安全带来的严重威胁，明确把美国1小时全球快速打击构想作为俄罗斯安全面临的最严重的外部威胁之一，通过“先期研究基金会”推动技术储备。俄军理论界在《超越核战争》中认为，以非接触战争为主要特征的第六代战争中，武器装备向太空方向发展的速度正在加快，在不久的将来，太空突击武器的出现将变为现实。俄军《21世纪初俄罗斯军事技术政策》，明确了武器装备技术未来发展的方向，在发展常规精度武器的同时，也在加快研制“非传统武器”——激光、等离子、不相干光源、超高频、超声波以及无线电电子对抗设备、声音合成器、信息病毒及人气信息图像等包含诸多前沿技术的信息战武器装备；成立国防高级研究基金会，旨在仿照DARPA模式，捕获新兴前沿技术机遇，促进颠覆性技术的诞生和发展。

英国为实现“颠覆性能力”，国防部高达20%的科学与技术项目致力于“颠覆性能力”，寻求提供作战优势、行动自由，以及来自英国领先军事能力的政治和经济效益。具体包括：可以降低英国对高成本、复杂弹药依赖性的未来武器系统；改变国防部人才征募、部署及训练方式的措施；应对复杂环境的新型自主系统。2017年3月8日英国广播公司公布了最新的财政预算案，在这份预算案中，英国政府将拨款2.7亿英镑用于研究和创新，确保英国在机器人、生物科技和无人驾驶汽车系统等颠覆性技术方面处于世界前沿。

日本是最早重视前沿技术发展的国家之一，早在20世纪70年代就开展了对前沿技术发展方向的预测，2013—2015年间，日本连续进行了多项技术预测分析，把最主要的技术方向、未来竞争的关键技术、不确定最强技术、非连续性最强技术和对社会伦理影响最深入技术五个重要领域，作为日本制定国家发展战略和安全防卫大纲的依据。据此，内阁府和防卫省分别于2013年、2015年启动了“颠覆性研究开发推进计划”与“安全保障技术研究计划”，其中“颠覆性研究开发推进计划”是内阁府“综合科学技术委员会”主导成立的科研创新计划，其经费规模占到全部科技计划经费的4%左右，旨在资助能够带来巨大社会变革的高风险技术，以催生出能为社会带来巨大变革的长远创新。项目周期一般为

5 年左右，并明确不支持一般性的技术创新。

四、结论与启示

装备建设的科学性、针对性、前瞻性揭示了装备建设的本质和规律，代表了当今世界装备建设的发展趋势和方向；世界各国都高度重视并采取了一系列重大举措，取得了显著的效果，其成功的建设发展实践给我们以下启示。

第一，决策是实现装备建设科学性的重要环节，也是首要环节，决策的失误是最大的失误；必须充分认识决策的重要性，努力构建科学的决策机制，依靠机制避免盲目、避免武断、避免随意和主观，是各国提高决策科学和效率的普遍和有效做法。

第二，装备建设是一个复杂的系统工程，顶层设计十分重要。必须面向部队现代化建设，面向未来战场，着眼于部队转型建设的需要，在联合作战的背景下，按照“体系建设、体系发展”的思路，以理论为指导，以形成体系能力为目标，搞好规划、计划的制定工作，以规划、计划的科学性，提升和保证装备建设的科学性。

第三，采办是实现装备建设科学性的重要过程，必须充分认识装备采办的复杂性，从科学-系统工程学的角度认识和开展采办工作，以长期的装备建设实践经验为基础，充分运用现代管理学的成果设计采办流程，不断优化和改进装备采办工作，通过采办工作流程的科学化实现装备建设的科学性。

第四，建立从国家到地方，从军队到工业部门的上下一体、军地一体的国防工业、国防科技组织管理体系，加强对装备研制、入役、使用维修，直至退役的全过程、全寿命的集中统一管理，既是适应信息时代社会经济、科技、工业集约化、快速化发展的客观需要，也是实现装备建设科学性的重要保证。

第五，坚持作战需求牵引。设计武器装备就是设计未来战争理念，在不断树立设计武器装备就是设计未来战争理念的同时，也要强化设计战争也是设计武器装备的意识，用作战概念引领装备发展，在设计战争的同时提出装备需求，不断深化作战牵引与技术推动自然而紧密的结合，从而提高装备建设的针对性。

第六，注重作战实验。一型装备，尤其是大型装备是否顶用、好用，在设计定型前是没法通过使用检验的，特别是没法在战争环境下进行检验和考核。因而注重作战实验，通过作战实验，运用作战仿真、模拟等手段验证装备效能，改进装备设计的战技指标，对提高装备建设的针对性具有直接的意义。

第七，国外装备建设实践突出表明，坚持问题导向，从部队作战装备运用暴露出的实际问题中,找出装备的“短板”“弱项”,从部队演习演练的装备实际运用中,找出能力的不足和体系结构的不合理,及时组织攻关和调整装备结构,是装备建设面向实战、面向未来,提高针对性的最有效的办法。

第八,开展装备制造评估。装备是制造出来的,制造能力和水平如何决定装备的质量和水平,提高装备制造能力对装备建设十分重要。开展对装备制造能力评估,不仅是提高装备建设针对性的客观需要,也是推进我国国防工业加速发展的需要,是推动我国制造业打破垄断、形成竞争、激发活力的需要。

第九,必须高度重视国防科技创新。国防科技创新永远是装备建设保持前瞻性最具活力的源泉,在装备建设中,坚持创新驱动发展,抢占世界科技的制高点,以挺进技术的前沿,应对技术突袭,不仅是贯彻落实党的十八大提出的创新驱动发展国家发展战略要求的具体体现,也是装备建设需要永远遵循的根本途径,必须一以贯之,长期坚持。

第十,必须坚持国防战略指导下的科技创新。国防科技创新的难度越来越大,领域越来越宽,对国家整体科技实力依赖越来越强。重大工程、重大科技的突破,必须组成“国家队”,举国家之力,所以要加强战略统筹,把国防科技创新纳入国家科技创新大体系中,从国家层面采取有力措施,扎实推进国防科技创新的深入发展。

第十一,必须及时吸收民用领域先进技术。国外装备建设的实践一再表明,及时吸收民用先进技术是保持装备建设前瞻性的有效途径。这深刻启示我们,最先进的技术总是首先用于军事领域,必须进一步打破军工体系对国防武器装备研制的垄断局面,加强具有时代特点和中国特色的研发机制研究,在国家层面建立统一领导、军地协调、需求对接、资源共享的机制,降低门槛,确保民用领域的先进技术成果能及时用于装备建设。

第十二,必须选好方向重点,高度重视颠覆性技术研究。国防科技的投入是有限的,而装备技术的发展是无限的。要使有限的经费,产生最大的效益,必须突出重点,特别关注那些能“改变游戏规则”的颠覆性技术,加大投入持续研究,使之一旦突破就“一鸣惊人”,产生让世人刮目相看的效果,以技术的突袭,保持装备建设的前瞻性。

第三章　国内装备建设科学性、针对性、前瞻性的做法和启示

装备建设的科学性、针对性、前瞻性既是装备建设需要遵循的原则，也是衡量装备建设效益、装备建设决策正确性的重要指标。新中国成立后，党和政府对装备建设高度重视。在伟大的中国共产党的正确领导下，经过几十年的发展建设和几代人的艰苦奋斗，伴随着国家经济建设的蓬勃发展和人民解放军的不断壮大，我军的装备建设也走过了从无到有、从小到大、从弱到强的发展历程，取得了举世瞩目的光辉成就，在我军乃至世界军事发展史上写下了浓墨重彩的一笔。虽然关于装备建设科学性、针对性、前瞻性问题还没有系统的理论研究和总结，但在长期的装备建设实践中，对于装备建设的经验和规律的认识不断深化，积累了丰富而宝贵的经验，走出了一条符合国情、军情具有我军鲜明特色的装备发展之路。对保持装备建设的科学性、针对性、前瞻性起到了重要作用，有力地推动了装备建设的健康发展、科学发展和快速发展。

一、大力发展国防科学技术和国防工业，装备建设取得长足发展

解放后，在苏联的援助下，我国迅速拥有了现代的国防工业体系，军队的现代化建设取得显著成绩，武器装备建设水平得到大幅提升；随着国家经济的恢复和发展，采取一系列有效措施，开始有计划地发展国防科学技术，建设国防科研设施，形成了研究、设计、试验、生产的完整体系，使国防科学技术得到较大发展，在改进和发展常规武器的同时，下大决心、果断决策，组织全国科技力量，对一些国防尖端技术的重点领域、重大工程、重大瓶颈问题进行攻关，自行研制了导弹、核武器等一系列高、精、尖的武器装备。1964 年、1966 年我国第一颗原子弹和导弹核武器试验成功。1967 年氢弹试验成功。1970 年第一颗人造卫星上天。1980 年向南太平洋海域发射远程运载火箭。1982 年潜艇发射运载火箭成功。1985 年以后，国防建设的战略指导思想从临战状态转入和平建设轨道，国防建

设的基点逐步从大规模全面战争转移到局部战争上来，军队在进一步加强机械化的同时加强信息化建设，统筹国防建设与经济建设，国防工业走上“以军为主，以民养军”和“军转民”的道路。1986年3月，面对国际日趋激烈的严峻挑战，党中央、国务院果断决策，于1986年11月启动实施了“高技术研究发展计划(863计划)”，以前沿技术研究发展为重点，统筹部署高技术的集成应用和产业化示范，充分发挥高技术引领未来发展的先导作用，着重解决事关国家中长期发展和国家安全的战略性、前沿性和前瞻性高技术问题，发展具有自主知识产权的高技术，培育高技术产业生长点。“863”计划的实施，不仅使社会建设和人民生活得到了进步提高，也极大带动和促进了国防科技的发展和装备建设的现代化水平。1990年，为国际组织成功发射卫星。1997年，为推动解决国家战略需求中的重大科学问题，以及对人类认识世界将会起到重要作用的科学前沿问题，按照“面向战略需求，聚焦科学目标，造就将帅人才，攀登科学高峰，实现重点突破，服务长远发展”的指导思想，国家实施了“973”计划，实现了国家需求导向的基础研究部署，完善了基础研究的布局，特别是在这一计划中，为增强国防科技创新能力，专门开创了国家安全重大基础研究项目，有力地推动了国防科技基础研究的发展。2003年、2005年、2008年、2012年、2016年，中国先后5次成功发射了载人航天飞船。改革开放以来，随着经济、科技体制的改革，随着“科学春天的到来”，国防科学技术又跨入了一个新的大发展阶段，科研机构日益健全，科研队伍日益强大，科技投入日益增多。在核、航空、电子、兵器、航船、航天以及与之配套的化工、特种冶金、非金属材料等领域取得了丰硕成果，为军队提供了比较先进的武器装备，有力推动了装备建设的快速发展。

二、实施集中统一领导，组建国防科研机构和试验基地，提高装备建设的针对性

坚强有力的领导永远是做好各项工作的前提。我国的国防科技发展史，就是一部党中央、国务院不断加强管理和集中统一领导的历史。新中国成立后，党中央、国务院对国防科技和工业高度重视。为加速发展导弹、航空科技事业，1956年4月，中央军委决定在国防部成立航空工业委员会，聂荣臻元帅担任主任。5月，中央军委决定在国务院设第五部，负责领导全军武器装备的科学研究和特种部队组建。随着国防科技的发展，1958年10月，中共中央批准中央军委的报告，同意成立国防部国防科学技术委员会(简称国防科委)，聂荣臻元帅任主任，陈赓大将任副主任，主要任务是：贯彻中共中央、中央军委关于国防科学技

术研究的方针、政策，负责加强对军内外有关国防科学技术研究工作的组织领导、规划协调、监督检查。国防科委的成立，标志着在中共中央、国务院、中央军委的领导下，有了统一管理国防科技发展工作的机构，加强了对国防科技工作的集中统一领导，有力加速了国防科技事业的发展。1959 年 11 月，中央军委为了统筹安排，全面规划，发展军工生产，报经中共中央批准成立中央军委国防工业委员会（简称国防工委），贺龙任主任。1961 年 11 月，中共中央批准成立国务院工业办公室（简称国防工办），国防工办在党内向中共中央书记和中央军委负责，直接管理二、三机部和国防科委、国防工业所属范围的工作。国防工办成立后，各省、市、自治区也于 20 世纪 60 年代中期成立了一些管理国防工业的相应机构，从 20 世纪 70 年代初开始，又陆续成立了国防工办，这样从中央到地方就形成了国防工业的管理系统。为进一步在全国形成合力，1962 年 11 月，经毛泽东主席批准，中共中央又成立了中共中央专门委员会，成为在中共中央直接领导下，有高度权威的行政权力机构。其主要任务是，加强对原子能工业生产、建设和核武器研究、试验工作的领导，组织有关方面大力协调、密切配合、督促检查原子能规划的制定和执行情况，根据需要，在财力、物力、人力等方面及时进行调度。中央专委办公室设在国防工办。同时，为适应武器装备建设发展的需要，从 20 世纪 50 年代开始，国防工业部门先后组建了一批科研机构和试验基地。1955—1960 年，国防工业部门先后建立了一些专业研究机构以及设在工厂的产品设计机构。在无线电电子方面，有通信器材、雷达、材料元件、电真空、半导体、亚热带电信器材、化学电源、计算机、通信技术、电子仪器等 10 个研究所；在航空方面，成立了飞机设计、航空发动机设计等 10 个研究所；在舰船方面，成立了水中兵器、水声等 5 个研究所；在兵器方面，成立了轻武器、坦克车辆等 7 个研究所。1956 年，组建导弹研究院（五院），钱学森亲自担任首任院长。1958 年，组建核武器研究所。与此同时，解放军各兵种也相继组建了一批研究机构。1952 年，组建常规兵器试验基地。1957 年，组建综合导弹试验基地。1958 年，组建了海军武器装备试验基地；同年，中央军委决定筹建核试验场。1958 年 11 月，国防科委在总结五院建设经验的基础上，提出了集中力量组建常规武器研究院的设想。经过一年多的酝酿，中央军委向中共中央呈送了关于以三机部、一机部和海军、空军、通信兵的有关研究机构为基础，组建航空、舰艇、无线电子 3 个研究院（也称六院、七院、十院），负责军用飞机、舰艇、军用电子装备的研制，并解决仿制、引进中的技术问题。上述 3 个研究院隶属国防部建制，从 1962 年起正式列入军队编制，番号为国防部第六、第七、第十研究院，业务由国防科委统一领导。唐延杰、刘华清、孙俊人分别担任第一任院长，王振干、戴澜生、黄远分别担任第一任政委。1964 年，五机部成立了机械科学研究院，负责兵器科研工作。此外，还有一些军兵种的研究力量，如空军的雷达技术、指挥引导，海军的海洋工程、航海医学，以及工程兵、炮兵、防化等 22 家科研单位的业务工作归属国防科委领导。1967 年 3 月，中央军委批准，以中国科学院的卫星设计院及有关厂、所为基础，并从七机部抽调部分技术力量，组建空间研究院，归国防科委直接领导。1968 年 2 月，空间研究院正式成立，钱学森任院长，常勇任政治委员。从此，中国的国防科研工作，在国防科委统一领导下，已拥有 38 个单位，约 8 万人的规模，形成了一支尖端和常规武器装备的研制队伍。从 20 世纪 70 年代的中后期，各军兵种开始结合自身装备发展，相继开展了军用标准建设工作，1983 年 4 月，第一次全国军用标准化工作会议后，全国军用标准化建设全面启动，并日臻完善，不断取得实质性进展。至 21 世纪初，我军的军用标准体系已初步形成，这标志着我国已初步建立了一个比较配套的国防科技体系，装备建设逐步纳入了规范、科学的发展轨道。

三、成立专门的装备论证机构，专职开展装备建设问题研究，提高装备建设的科学性

1955—1960 年，随着地方工业部门一些研究机构的建立，为强化军方需求牵引的科学性，突出军方的主导作用，进而提高装备建设的针对性，中国人民解放军各军兵种也相继成立了一些研究机构，主要进行战术、技术指标论证，提出武器装备的战术、技术指标及试验定型工作，同时也参与武器装备的设计和研制工作，这些机构的成立对提高装备的研制水平起到了重要作用。1983 年，负责海军装备总体建设与发展和技术探索性研究的海军装备论证研究中心成立（后改称为海军装备研究院），自成立至今，围绕为首长和机关决策咨询服务，研究院完成了一大批装备发展的宏观问题研究，如：借鉴美国著名的 600 艘舰船兵力规划论证方法，组织开展了 21 世纪初海军装备结构论证，探索了装备结构的指标体系描述方法和装备结构的研究实验方法；结合海军装备信息化建设实践，运用钱学森关于从定性到定量的综合集成思想和体系工程等理论方法进行海军装备体系论证研究工作，对海军装备综合集成建设进行了系列论证，并得到工程实践检验，对推动海军装备的科学发展取得了明显成效。此外，还承担了技术基础研究、预先研究、型号论证，以及装备建设综合集成论证、装备作战运用研究、军事理论问题研究等，同时注重与作战部队加强交流，结合部队演习研练，开展基

于装备技术的作战想定拟制、作战效果评估、战法训法研究和演习研练复盘工作,加强装备建设作战需求研究。2003年,海军装备论证中心更名为海军装备研究院,借鉴海军发展的成功经验,先后成立了空军装备研究院、二炮装备研究院。强化武器装备的前期论证,标志着我军对装备建设科学发展重要性的认识又达到了一个新的阶段。

四、加强预先研究工作,提高装备建设的前瞻性

发展国防科技,预先研究是基础。这既是国防科技的内在规律,也是装备建设实践反复证明的经验总结。正是基于这样的认识,国防科委和有关工业部门组织重大武器研制时,都狠抓了预先研究工作。这在"两弹"研制过程中体现得尤为明显。为了掌握设计、研制原子弹技术,1961年便开始组织力量探讨基本理论进行计算和实验验证,努力探索原子弹的奥秘,在原子弹研制工作开展不久,又部署开展了氢弹的预先研究,为突破"两弹"技术打下了坚实的基础。20世纪60年代初、中期,开展的核潜艇、中近程地地导弹、人造卫星,也都是在研制前开展了大量的基础性、开拓性预先研究。1986年,国防科工委为了加强对跨行业、综合性预先研究项目的宏观管理,成立了以第一线科技专家为主的精确制导技术、搞核加固技术、军用新材料应用研究等19个项目专业组;各国防工业部门也相继成立了以专家为主体的本行业重点项目专业,着重研究本专业领域技术发展的方向、重点和技术政策,并提出宏观决策的建议;随后,国防科工委在总结经验和借鉴国外先进管理技术的基础上,组织力量制定了《国防科学技术应用、基础研究暂行管理办法》,明确规定国防预先研究管理实行以行政部门为主体,充分发挥专家作用,领导与专家相结合的集中统一领导和分层管理负责的管理体制;这些政策规定,有力推动了国防科技预先研究的发展。1998年,总装备部成立后,武器装备管理体制实现了重大调整,将原来科研、订货、维修分散管理转变为总装备部统筹规划国防科研、装备购置和装备维修,预先研究工作更加得到了重视。从组织管理上来说,为加强集中统一领导,总装备部成立了总装备部科技委员会,从各兵种抽调权威专家作为专职委员,对军队的预先研究工作进行顶层审查把关;同时按专业领域成立总装若干专业组、在全军范围内筛选知名专家参加专业组工作,对预先研究进行顶层规划;在军兵种设立预先研究专家组,对军兵种的预先研究进行筹划;总装科技委、总装专业组、军兵种专家组的成立,建立健全和强化了军队对预先研究的组织管理和技术管理体系,强力推动了军方对预先研究工作的领导和主导,从发布先进技术预先研究指南到研究关键技

术的路线图制定，开展了一系列高层次的先进技术预先研究。“十一五”“十二五”期间，取得了一大批成果，预先研究工作得到了较快发展，为装备建设的前瞻性提供了有力支撑。以海军装备研究院为例，先后完成了海军装备技术谱系、海军装备技术指标体系，以及海军装备技术发展路线图研究，按照“典型任务—能力需求—装备体系—技术体系”层层递进的思路，把作战能力需求转化为装备技术需求，再从体系层面提出海军装备技术的发展需求，用来牵引和指导装备技术的发展，牵引了潜艇减振降噪、舰船综合电力、舰艇抗冲击、隐身防护等技术不断突破，形成了“探索一代、预研一代、研制一代、生产一代”的合理梯次。

综上所述，在党中央、国务院的坚强正确领导下，随着我国国防科技和国防工业的发展，我军的装备建设事业走过了从仿制到自行设计，从改进到自行研制和实践、探索，再实践，再探索的发展历程，取得了巨大成就，积累了很多经验。但也应看到，面对当今科学技术的迅猛发展和世界新军事变革不断加速的挑战，以及对装备建设提出的新的要求，我国的国防科技和国防工业、装备建设也暴露出一些明显不足，主要表现在以下几个方面。

（一）在体系建设顶层筹划方面的问题

现代战争是体系与体系的对抗，由于对体系对抗制胜机理规律研究不够，军事需求牵引必然滞后于装备技术的发展；特别是“体系建设，体系发展”理念的形成比较晚，认识还不够深刻；体系思维还不强，在体系工程技术、体系构建方法方面研究还不够深，对装备的体系贡献率研究刚刚起步；缺乏先进的理论指导，致使在装备的体系筹划方面还存在明显不足；在计划的拟制方面缺乏有效的量化手段，基本上还是凭经验定性的多；加之我军长期处于和平时期，很多装备没有经过战争的实际检验和考验，装备的体系贡献率没有实际数据评估，对装备建设难以形成有效的体系牵引。同时，由于军队编制体制改革刚刚完成，新体制在装备建设管理方面运行也有一个摸索的过程，怎样适应新的体制，怎样发挥新体制的先进性，以及如何在新体制下推动装备技术发展创新等方面都存在一些问题，需要在发展中加以研究解决。缺乏健全严密的武器装备需求论证法规，武器装备需求论证工作不能在法规文件的约束和指导下进行。装备建设对军事需求的要求没有具体化、规范化；军事需求无法可依，无章可循；在武器装备发展中还存在着前期重视军事需求论证，但围绕装备全系统、全寿命开展不够，武器装备军事需求论证往往局限于方案探索阶段的论证，对于其后的武器装备全寿命期内的工作指导约束力不够，难以有效开展全系统、全寿命的论证研究。在军事需求论证前期，缺乏采办机构的介入，需求论证与采办脱节；在工程研制与使用的阶段,没有设定合理的需求论证切入点,不能及时调整需求及新技术的切入,形不成需求与武器装备研制和使用的前后衔接;影响了需求论证对武器装备全寿命分阶段节点的控制和管理;在采办后期与作战部门的联系不紧密,被研制部门牵着鼻子走,失去或减弱了需求论证的牵引效果;装备需求论证基础研究不够,基础数据不足,论证手段落后,论证工作与战法研究、工程技术研究严重脱节等问题,影响和制约了军事需求论证的质量和对建设的牵引作用的发挥。

(二)在国防科技工业布局方面的问题

国防科技工业布局是形成国防科技工业创新活力,激发国防科技工业潜能,优化国防科技工业资源,提高国防科技资源效益的重要基础和保证,因而受到世界各国的普遍重视。新中国成立以来,党和国家对国防科技工业一直给予了高度重视。新中国成立后立即着手国防科技工业建设,在国家经济十分困难、百业待兴、百端待举的情况下,派出专家到苏联学习,邀请苏联专家指导,迅速建立起了政府主导、军队参与的有中国特色的国防科技工业,为武器装备建设的快速发展提供了有力支撑。但应清醒看到,我国的国防科技工业是计划经济的产物,是在解放后计划经济体制下建立和发展起来的,它有利于国家资源的统一和整体调配,有利于集中力量办大事,比较好地适应了当时我国的计划经济体制,也取得了较好的实践效果。改革开放后,为形成竞争机制,成立了十大军工集团公司,在打破垄断、促进竞争方面起到了一定作用,为国防科技和工业的发展注入了活力,有力调动了国防科技工作者的积极性,促进和推动了我军的装备建设迈上一个新的台阶,取得了显著成效。但由于没有与时俱进,国防科技工业布局和管理体制机制等,几十年来调整变化不大,与我国迅速发展的市场经济不相适应,随着我国市场经济和科学技术的快速发展,军工科研生产发展体系也暴露出明显的不足,生产计划、赢利方式、任务指标、管理模式等都与市场经济格格不入,与现代科技要求的大型专业化工业集团的发展模式背道而驰、不相适应。国防科研自成体系、自我封闭、自我发展,致使国防科技资源,被几大军工集团、国防科技工业管理部门、军队装备管理机构所掌握,必然形成行业垄断、形成行业利益链条,造成有限的国防科技资源的重复投入,重复建设,力量分散,后劲不足,效益低下;同时,也势必形成民企参军的强大壁垒,严重影响民企参军的积极性,严重制约了国防科技工业的创新发展和竞争机制的形成。

(三)在装备建设采用民用先进技术方面的问题

装备建设涉及方方面面,除了从决策、采办、技术、工业基础、人才队伍、管理等众多因素、众多视角分析外,从实现方法途径来说,在现阶段,最大的问题还是如何及时吸收和采用民用先进技术。分散重复投入、重复建设问题还不同程度存在，准入门槛较高，成熟产品、先进技术转化慢，或者说横亘在军地间还有一堵无形的墙，致使最先进的技术没有及时吸入，最有潜力的社会资源没有被有效利用，最大的瓶颈问题久攻不克。提高装备建设效益的根本出路还是要及时吸收和采用民用先进技术，破解装备建设的难点和抓手也是要及时吸收和采用民用先进技术。要实现装备建设的快速发展，必须坚定不移地积极探索和构建及时吸收和采用民用先进技术的有效机制。

党的十八大以来，军地各级党委坚决贯彻落实党的十八大精神和习近平主席关于推进装备建设发展的一系列重要指示，积极探索装备建设的方式方法，做了许多有益的探索和尝试，也出台了很多办法，全军紧紧围绕强军目标，着眼转型建设和军事斗争准备急需，加强装备建设工作组织领导和顶层设计，装备建设工作稳步推进。但离党中央和习近平主席提出的发展要求还存在不小差距，主要有以下四个问题。

一是政策法规问题。现在虽然出台了一些政策法规，但多是战略层面、宏观层面、指导层面、号召性的，刚性约束，具有操作性的不多。遇到具体问题还是不知怎么办。装备技术融合的本质是要使军地成为一个有机整体，由于军民长期处于二元分离的封闭运行体系，工作模式、工作方法、工作程序都有很大差异，要实质性推进装备技术的融合发展，必须从国家层面在政策法规上有更明确的要求。

二是体制机制问题。缺乏高效顺畅的资源共享、成果共享、信息共享机制。对接渠道不顺畅，地方不了解军方的需求，军方也不了解地方的资源。致使军地成果转化慢，甚至道路不通。军民两用技术相互转化工作尚未有机融入现有装备采购管理环节中；受现行规划计划、试验定型、监督管理等制度限制，发现的优势技术产品难以及时纳入正常渠道安排，相关试验验证工作没有经费保障渠道；规划计划、法律法规、政策扶持、资金引导以及知识产权、技术标准、绩效考核、评价指标等还没有建立起完善的支撑体系，采用民用先进技术依然存在制度性障碍。

三是经费支撑问题。没有专项基金，严重影响和制约了军民两用技术的发展速度。做任何工作都需要一定的经费支撑，装备技术研发更不例外。目前，军民两用技术在研究资金上没有形成适合的投融资环境。由于准入机制的制约，民企的研发资金很难进入军用项目研究，这在很大程度上影响了民企投入军民两用技术研发的动力。因为没有建立专门的军民结合产业发展基金，没有相应的核准机制，军用高技术向民企转移缺乏必要的利益共享和补偿机制，也极大地影响了装备先进军事科技向地方经济建设转移热情。

四是军地技术标准不兼容。军用和民用标准的统一或者有效衔接是推进军地联合深度发展的重要技术基础保障。当前我们军用标准涵盖范围过多、过细，没有充分采用民用标准，互相独立的两套技术标准体系，客观上造成了军地间的技术壁垒和障碍，限制了军地统筹协调发展。在建造标准方面，海军舰船与民船在发动机、速度、抗风浪、续航时间、抗毁性能等方面存在较大差异。在勤务保障方面，军民双方虽有保障协议，但没有明确的职责分工、指挥关系、力量协同等，没有发挥出军地联合的整体保障效益。

五、结论与启示

温故而知新。历史的经验值得注意。落后就要挨打。回顾我军装备建设的发展历程，我们体会和感受最深、弥足宝贵的经验是：必须坚持党和国家最高领导的正确决策和坚强领导；必须尊重科学、尊重规律，尊重知识、尊重人才，充分依靠科学家的智慧和主观能动性；必须有万众一心、众志成城的民族凝聚力和钢铁一般的斗志；必须坚持瞄准强敌；必须充分发挥集中力量办大事的社会主义制度优越性。老一辈革命家、科技工作者用血与汗、苦与累换来的经验，倍加值得珍惜、继承、发展和发扬光大。从中可以得出对今后装备建设的深刻启示。

(一) 正确领导和决策

政策和策略是党的生命。决策正确是事业发展的关键因素和重要前提，关乎事业的兴旺发达和长久不衰。新中国成立后短短十多年的时间里，就建立起了比较完善的国防科技和国防工业体系，不仅迅速具有了研制常规武器的能力，还成功研制了“两弹”。这首先还应归于老一辈无产阶级革命家的高瞻远瞩和正确决策，在当时百业待兴、工业基础、人才储备、国防科技、经济支撑那样薄弱的条件下，做出发展尖端技术、研制“两弹”的决策，不仅需要超越时代的战略眼光和政治智慧，更需要超越一切的宏伟气魄和胆识。至今看来，都是不可思议和多么正确！我们难以想象，如果不是当年果断决策、下大决心研制了“两弹”，中国的军队能否像今天这样让世人侧目；中华民族是否还能像今天这样、扬眉吐气屹立于世界民族之林！如今，装备建设比以往任何时期都更为复杂，涉及因素更多，取舍难度更大，这就更需要正确的领导和决策，从体系建设，体系发展的全局去统筹，确保装备建设方向正确。

（二）依靠科学家

尊重科学、尊重规律、尊重知识、尊重人才，充分依靠科学家的智慧，充分发挥科学家的主观能动性，是我们党在领导国防科技和国防工业建设中又一法宝。20世纪50年代，发展原子能事业和研制原子弹的决定是在听取物理学家钱三强和地质学家李四光的建议后做出的；发展火箭武器和火箭技术的决定是在收到军事工程学院任新民等三位教授的建议后，又反复征求意见做出的；发展人造卫星的决策是按中国科学院地球物理研究所、自动化研究所所长赵九章、吕强提出的建议做出的；首任导弹研究院院长、首任空间研究院院长、首任核物理研究所所长是由钱学森担任的；首个被邓小平称为“科学工作的宪法”的关于科技政策的文件“科研工作十四条”，主要就是纠正“大跃进”中的错误，改善党同知识分子的关系，明确知识分子地位作用的；1962年在广州召开，由聂荣臻主持的全国科技工作大会，周恩来作的大会报告主题就是《关于知识分子问题》。报告再次肯定了知识分子在中国社会主义建设中的重要地位和作用，陈毅在大会上明确宣布为知识分子“脱帽加冕”。这是一次令中国知识分子备受鼓舞、难以忘怀的会议，极大激发了中国科技工作者献身国防科技事业的热情。今天，在中华民族实现中国梦、强军梦的新的历史起点上，在实现新时期强军目标的伟大实践中，更需要充分调动广大科技工作者的积极性、创造性。

（三）坚持自主创新，走自力更生之路

新中国成立初期，面对以美帝国主义为首的西方国家对我国的经济技术封锁、军事包围和战争威胁，在一穷二白、没有专业人才储备、没有科技支撑、国防工业基础还十分薄弱，特别是在1959年苏联背信弃义、撕毁合同、撤销援助、拒绝向中国提供任何核武器技术援助的情况下，中共中央毅然决定自己动手，从头摸起，准备用8年时间把原子弹研制出来。苏联中断援助、撤走专家的消息传到正在北戴河召开的中共中央工作会议时，毛泽东主席气愤而坚定地说：“要下决心搞尖端技术，赫鲁晓夫不给我们尖端技术，极好！如果给予了，这个账是很难还的。”这是何等的气魄、何等的胆识、何等的决绝！我们已不能猜测当时一代伟人的心情，但在仅仅4年后，当1964年10月，东方大地一朵蘑菇云腾空而起，中华大地一片欢呼、举世为之震惊时，恐怕全世界都明白了，地球的东方有一个世界绝不能小觑的国家和民族，她的人民是有能力和智慧的，是什么人间奇迹都能创造出来的！这是民族的胜利，这更是装备建设坚持“奋发图强、自力更生”方针的胜利！而今天，我更想知道，当听到中国原子弹爆炸成功的消息时，苏联的赫鲁晓夫想了什么？说了什么？又是怎样的表情？尽管这些已是多么的不重要。

（四）瞄准强敌，发展使敌人怕的武器装备

《孙子兵法》云：不战而屈人之兵，善之善者也。装备建设的根本目的不是发展装备，而是赢得和平、捍卫和平。发展装备只是手段和途径。在和平时期能够慑战、止战，在战争时能够胜战，这才是装备建设的出发点和落脚点。新中国成立之初，我军的装备建设千头万绪，到底应该先发展什么？火药、大炮、坦克、枪械、飞机、舰艇等，可以说什么都缺，什么都需要。而同时我们的经济、科技基础十分薄弱，高科技人才也十分匮乏，科研机构、试验基地尚待建设，综合考虑上述经济、科技、基础设施等因素，一般似乎应先发展常规武器，通过常规武器的发展，积累经验、培养人才，再发展尖端技术、尖端武器，可能比较稳妥和现实。但奇迹从来不是正常思维创造的。面对美帝国主义的核威慑、核讹诈、核恐吓，面对苏联单方面撕毁援助条约、撤走专家，在边境陈兵百万、虎视眈眈，党和国家毅然决然做出研制“两弹”的重大决策，这是“明知山有虎，偏向虎山行”的壮举，这是要担着“功败垂成、贻笑世人”的巨大风险的，这是一次“针尖对麦芒，你有我更要有”的战略考虑和抉择。事实胜于雄辩，实践再一次证明，装备建设必须瞄准敌人“死穴”，突出重点，赶超一流，即使再困难，也要想办法有一两件“杀手锏”装备。中国共产党胜利了，伟大的社会主义新中国胜利了！我们不能妄加猜测，但可以十分肯定，正是因为有了“两弹”，我们才在最短时间内摆脱了西方国家对我们的各种封锁，才在世界有了话语权，才使敌人常怀叵测之心，不敢越雷池一步，才有了这近百年的和平！

（五）国家主导，大事大抓

国家的事情必须国家来办。国家办，才能彰显出国家实力、国家水平。我军重大装备建设发展的历史，就是一部在党中央、国务院正确领导下，全民动员、全国协作、联合攻关、集中力量办大事的历史，是一部中国人民勠力同心、奋发图强、自力更生的历史。这在“两弹”研制中得到了最为淋漓尽致的体现。20 世纪 60 年代初期，为落实“两弹”研制所需的各类新材料和配套产品，国家经委、国家计委、国防工办、国家物质部联合召开会议，重点安排了 2 万多项研制、生产任务，要求定点、定量、定质、定进度，把分布在 10 多个部委、20 多个省市的几百个企事业单位，2 万多种原材料和配套产品纳入一个统一的协作网，扭成一股绳，形成一盘棋。冶金、机械、化工、石油、建工、轻工、纺织等工业部门，均成立专门管理机构，为重要的研制任务开“绿灯”。到 1965 年，研制成功的各种新材料共 1 万余项，品种可以满足“两弹”研制和常规武器装备研制、生产需要的 95%以上;许多以前靠进口的新材料,基本上都能自己生产了,特别是铀同位素分离膜材料、铍部件材料、汞水、反应堆等的研制成功,为突破“两弹”技术关做出了重要贡献。这是全国大协作的胜利,也充分显示了社会主义制度的无比优越性!经过几十年的发展建设,我军的装备建设取得了显著成绩,但应看到,我国的军事装备与世界军事强国相比仍有不少差距,在新动力、新材料、先进制造等领域还存在许多薄弱环节,攻克这些“瓶颈”问题,不仅需要加大投入,更需要发挥制度优势。

忘记历史就意味着背叛。面对世界各国装备建设和新一轮军事变革的加速发展,我们不能言必称西方,学必向西方。其实我军的装备建设发展才是最让世人惊叹的。历史昭示未来,在当前实现中华民族伟大复兴的新的历史征程中,我们更应不忘初心,认真总结历史经验,在强军目标的指引下,坚持作战需求的根本牵引,努力把我军的装备建设推向新的水平!

第四章　国内高技术和高端产品研发的先进理念、做法和启示

现代武器装备是高新技术发展的结晶和集中体现，代表了现代科技的最新和最高水平。没有先进的科学技术，就没有先进的武器装备。

科学技术是第一生产力，更是战斗力。当今世界，科学技术日新月异，不仅深刻改变了人们的生活，也催生了一大批高新技术企业。这些闪耀时代光芒的世界顶尖企业，在日趋激烈的竞争和充满重重险阻的发展征程上，依靠科技进步披荆斩棘，攻坚克难，脱颖而出，创造了一个又一个奇迹，显现出勃勃生机。既代表了世界一流企业的发展方向，更揭示了一个单位、一个企业、一个集团，更确切地说，是一项事业走向成功、创造辉煌的发展规律。这些宝贵的经验是人类社会共同的财富，值得各行各业认真学习和借鉴。

装备建设必须高度关注高新技术企业的发展，了解这些企业的先进理念和企业文化。这是由高新技术企业的属性决定的。一方面是因为装备建设与高新技术的发展密不可分。除了政治、经济和军事的因素，支撑装备建设发展的重要基石是高新技术，引领装备建设发展的动力也是高新技术。特别是进入本世纪以来，越来越多的原创性技术发端于商业领域的高新技术企业，高新技术在装备建设中的地位更加突出，与装备建设联系更为紧密，对装备建设的影响更加广泛。了解这些企业的先进理念和企业文化，将有助于装备建设及时引进和采用这些高新技术。另一方面，如果把装备建设看成一个高端产品、一个整体或一项事业来经营和管理，这些高新企业发展的成功经验，对装备建设的快速发展必然会大有裨益。同时装备建设是面对世界军事强国的，必须瞄准世界一流的技术。不仅需要一批世界级的服务国防的高新企业，更需要世界的眼光、战略的思维，学习和借鉴世界顶级企业的发展理念，构建具有世界先进水平的管理体系，这在高新技术迅速发展的大背景下，对于形成世界一流水平的装备建设能力，不断提升装备建设的科学性、针对性、前瞻性意义重大。

“问渠哪得清如许，为有源头活水来”。成功的企业总是相似的。纵观近年

来海尔、海信、小米、华为等我国进入世界500强企业发展的艰辛历程,我们可以发现,尽管它们所走过的路程不同,实现的方法,以及所处的环境、从事的领域和生产的产品等都不尽相同,但都有一些共同的突出特征,即:一是先进的理念和文化;二是拥有核心技术;三是卓越的管理;四是战略视野和远大目标;五是坚定的意志和百折不挠的进取精神;等等。尽管这些公司和它们所走过的路程是不可复制的,但构成它们成功发展的理念和思想精髓是可以学习借鉴的,它们取得的辉煌也是可以创造的。在这些中国的企业中,华为犹如全球企业璀璨星空中一颗冉冉升起的明星,让世人瞩目。华为,一个仅有2万元注册资本,靠敲敲打打维持生计的6人小作坊,一个完全意义上的民营企业,能够在30年内快速成长为全球通信行业的领导者,拥有17万员工的全球第一大通信设备的制造企业,唯一一家名副其实的全球化中国公司和唯一一家海外收入超过国内收入的中国企业,它从小到大、走出国门、问鼎世界的成功秘诀是什么?它高速发展的依靠是什么?如果,我们拥有强大国家背景、政府支持的国防工业、军工企业、科研院所、高等院校,也有如此的发展速度,那我们的装备建设会呈现怎样的局面!所以本书在研究之初,就把目光投向这些企业,旨在从它们硕果累累、卓尔不群的发展轨迹中,找到一些对装备建设有益的东西。通过对这些企业的历史考察,我们觉得当初的考虑是正确的。隐藏在这些企业光环背后的创业的智慧、奋斗的思考、前行的动力、成功的奥秘,的确有许多值得我们从事装备研制、国防科技、装备建设工作者引起重视和学习的东西,诸多启示,可为资鉴,前事不忘,后事之师。

一、先进的理念和文化

古今中外,凡成功的企业,都有一个先进的理念。理念,从词义上来说有两种解释:一是信念;二是思想、观念。从广义上来说,应是一种思路、一种思维方式,一种潜意识的思维指向。理念是行动的先导,有什么样的理念,就会有什么样的行动。它对一个单位、一个集体形成统一意志、凝聚共识、明确目标具有重要作用。华为的成功固然有很多因素,但首先很重要的恐怕还应归于它从起步之初就注意到,并在前进中总结摸索逐步确立了清晰的发展理念,即"以客户为中心"。并把这一理念贯彻始终,发挥到极致。任正非在内部讲话时反复强调:"华为生存下来的理由是为了客户。全公司从上到下都要围绕客户转。""我们的一切是为了满足客户需要,我们的流程和组织就要围绕这个目的来建设。""华为的文化就是为客户服务。"这是对市场经济条件下"顾客就是上帝"企业生存法则的最好诠释。因为这一理念,而不是一味追求利润,使它有远大的理想和抱负,因为客户是在不断增加的;因为这一理念,而不是为满足某一技术的突破,使它获得持续创新的动力,因为客户的需求是不断变化增长的;因为这一理念,而不是朝秦暮楚,使它始终迈向自己的目标,因为“上帝”的需求在指引着它前进的方向。理念的外延是文化,先进的理念滋生先进的文化。如果说理念是信念、思想、观念,文化又会成为一种土壤,它使理念生根发芽、茁壮成长、枝繁叶茂。华为的文化,就是在“以客户为中心、为导向”这一理念为内核,逐步扩展的多元的、开放的、容纳各种观念,允许不同文化存在,又有鲜明自身特点的企业文化。这种文化培育了华为人艰苦奋斗、攻坚克难的精神,走出国门、问鼎世界的雄心壮志,坚定不移、勇往直前的信念。所以有人说,华为的成就与其先进的理念和文化是分不开的,与其说是华为创造了先进的理念和企业文化,不如说是先进的理念和企业文化成就了华为。那么我们的军工企业、工业集团和装备工作者,是不是应该认真思考一下,在装备建设中,该塑造怎样的理念和文化。

二、拥有核心技术

如果说企业文化是企业的魂,那么核心技术则是企业的骨骼。文化孕育和涵养精神,而骨骼的生长才能真正支撑企业发展壮大。华为的成功,正是在于它牢牢地把握了这一真谛。任正非曾深有感触地说:技术自立是根本,没有自己的科技支撑体系,工业独立就是一句空话,没有独立的民族工业,就没有民族的独立。正是基于这一理念,华为不惜血本,从 1992 年开始进行交换机技术研发,一年后第一款交换机成功问世;1998 年公司投入的研发经费为 8 亿人民币,是当年销售额的 10%;以后,华为坚持每年不低于销售额 10%的资金投入研发,这一比例在全国电子行业的百强中排列第一。目前,华为在美国、德国、瑞典、印度和俄罗斯等国家设立了 16 个研究所;在国内除深圳总部外,在北京、上海、南京、成都、西安、武汉、杭州 7 个城市都设立了研究所。现有员工 17 万多名,绝大部分具有大学本科学历。公司的人员结构为:技术研究及开发人员 46%,市场营销和服务人员 33%,管理及其他人员 12%。可以看出,公司的研发和营销力量特别强大。华为每天诞生专利成果 6 件,平均每年 2000 件,专利申请一直保持在 100%左右的增长率,2014 年,华为以 3442 件专利申请,成为当年最大专利申请者。2017 年 12 月 31 日,华为累计申请专利 74307 件,其中申请中国专利 64091 件,外国专利申请累计 48758 件,发明申请专利数量居国内之首。透过这组数据,我们可以看到,华为不唯有先进的理念和文化,更因有这些先进理念和文化所凝练出的知识之果、智慧之果,它们奠定了公司在行业中的强大竞争实力,面向未来持续发展的强大动力,走出国门、问鼎世界的勇气和魄力。在装备建设中,同样需要我们拥有一批自主知识产权的核心技术。

三、卓越的管理

管理出效益,管理出质量。国际化的企业必有国际化水平的管理。华为能够走到今天,与其重视管理、强化管理、严格管理、科学管理,以及不断推陈出新、日趋完善、堪称卓越的管理体系是分不开的。任正非很早就敏锐地认识到时,华为是在中国发展起来的一个小公司,外部资源不像发达国家那样丰富,发展凭着感觉走,缺乏理性、科学性和规律是不行的,必须借助世界先进的经验和方法、借用外脑才能做大做强。为此,从 1998 年起,华为开始花费巨资,系统性、大规模地引入国外管理的咨询公司,逐步将国际巨头的先进管理模式移植到华为,着力构建具有世界级水平的管理体系。1999 年,为嫁接 IBM 的管理,华为斥资千万,请 IBM 咨询公司对其集成产品开发和集成供应链的核心业务流程进行再造;之后,华为又相继邀请德国国家技术应用研究院的专家,帮助设计生产工艺和质量管理体系,并请专家做顾问指导进行运作和管理;邀请美国合益咨询公司帮助其设计任职资格和薪酬体系,并指导实施;邀请美国的智睿公司对其内部员工持股制进行改造提供咨询帮助;邀请世界上著名的会计师事务所毕马威、普华永道设计财务体系;等等。其对管理的重视和追求卓越管理的决心可见一斑。所以,与其说华为的成功,得益于其一开始就瞄准了国际先进水平,还不如说是因其一开始就认识到了管理的重要,就引入和建立了国际最先进的管理体系。是国际化水平的管理,引领了华为走上了国际舞台;是国际化水平的管理,为华为吸引和培育了一批世界级的人才;是国际化水平的管理,持续孕育、发扬了华为先进的理念和文化。面对世界范围内日趋咄咄逼人的激烈竞争,装备建设要跻身世界军事强国前列,也必须建立国际化水平的管理体系。

四、战略视野和远大目标

视野的宽度决定思维的广度,决定发展的方向和速度,决定企业的发展目标。大凡成功的企业家,都毫无疑问具有非凡的眼光,能见微知著,敏锐感知市场的脉搏,前瞻行业的发展走向,确立远大的目标,引领时代的发展潮流。“华为追求的从来不是利润的最大化。”早在华为初创时期,任正非就向所有华为人宣称:“未来世界电信市场,三分天下,华为有其一。”“做一个世界级的、领先的电信设备提供商。"《华为基本法》第一条更明确地提出:"华为的追求是在电子领域实现顾客的梦想,并依靠点点滴滴、锲而不舍的艰苦追求,使我们成为世界级领先企业。"这在当时看来是多么不可思议的念头,而在20多年后的今天看来,我们又不得不佩服任正非作为企业领袖的前瞻性和战略眼光。大视野产生大气魄,大气魄形成大格局,大格局做成大事业。古人云:不谋全局者,不足谋一域。取乎其上,得乎其中。现在有理由说,正是当年这胸怀世界的眼光,几近疯狂的想法,成就了华为在电信领域称雄世界的梦想;正是因有这战略视野和远大目标,才使华为在全球电信市场能够一直演着"跟随者"的角色,也不气馁、不退缩、不放弃;也同样是因这战略视野和远大目标,使华为在跟随20多年而一跃成为行业的"领跑者"后,仍然能够时时警醒自己居安思危,不放松懈怠、不沾沾自喜、不故步自封,继续向着更远的目标,砥砺前行。2019年在极为严苛的外部挑战下,华为在全球的销售收入仍然达到8588亿元人民币,增长19.1%,净利润627元人民币,增长5.6%,经营活动现金流914亿,增长22.4%,这给世界带来怎样的惊喜!这视野、这气魄、这追求,不是装备工作应该具备和装备建设战线更应值得发扬光大的吗!

五、坚定的意志和百折不挠的精神

任何事情都不是一蹴而就的。高新技术企业的发展更是如此。有战略的视野和远大的目标,仅仅是万里长征的第一步,征程中充满着艰难险阻,还必须有朝着目标坚定不移前行的意志和行动,百折不挠的精神和执着。正是远大目标和坚定行动的结合,为华为谱写了一曲曲胜利的凯歌。20世纪90年初期,电信行业发展迅速,竞争十分激烈。为增强核心竞争力,1992年,在华为销售额首次突破亿元大关的情况下,任正非做出了一个出人意料的决定:投资亿元研制C&C08机。这是一个充满挑战和风险的项目,当时的情形是国内大批交换机企业正在急剧下滑或濒临死亡。但华为咬定青山不放松,秉承"烧不死的鸟就是凤凰"的信念,在经历无数次失败后,1993年华为终于推出了2000门网用大型交换机设备C&C08。从此,华为站上了新的发展起点,步入了新的发展轨道。但华为没有就此止步,又把目光投向了国际上的3G技术,几乎动用了公司1/3的研发力量,义无反顾地向新的高峰攀登。"十年磨一剑",截至2004年,华为在3G上累计投入资金超过50亿元,投入研发人员3500多人。这一年,华为已经拥有包括GSM、WCDMA、CDMA2000和TD—SCDMA等2G和3G移动通信网络产品在内的全套移动通信解决方案。这标志着华为已经成为全球3G市场上的重要参与者。正是这种坚定的意志和百折不挠的精神，使华为攻克一个又一个难关，战胜一个又一个竞争对手，取得一个又一个的辉煌业绩！这无疑更是装备建设中值得珍视和培育的。

六、结论与启示

华为，一个组建初期仅有6人的、小得不能再小的民营企业，在不占天时、不占地利的情况下，硬是凭着自己坚定的信念和拼劲，风雨兼程一路走来，发展成今天这样令世人瞩目的国际化企业。它所给予世界的，绝不仅仅是它所创造的物质财富，更在于它奋斗之路上所探索的成功经验，这才是一笔无价的、永不消失的、宝贵的精神财富，值得装备建设中学习借鉴。华为的成功深刻启示我们：

（一）塑造先进的理念和文化

华为的理念是“为客户服务”“以客户为导向”，这一理念为华为带来了机遇、带来了发展、带来了业绩。而它文化的精髓恰恰是从部队学来的“艰苦奋斗”精神。在装备建设中，部队就是我们的客户，装备建设的理念和文化，就是要坚持需求牵引，坚持为部队服务。为部队研制好用、顶用、可靠的装备，应该成为广大装备工作者永远的追求；装备工作者的眼睛要始终瞄向战场，心中永远装着部队，脑中永远想着打赢。装备建设的文化就是不断把部队长期战争实践中形成的“攻无不克，战无不胜”“一不怕苦，二不怕死”精神、抗美援朝的“上甘岭”精神，解放初期形成的“艰苦奋斗”精神、“两弹一星”精神、“铁人”精神，以及近年来我国航天领域创造的“航天”精神，一代一代传承下来，继承下去，不断发扬光大，在装备建设中落地生根。

（二）坚持创新驱动

华为等现代企业的发展实践充分证明，核心技术是高新技术企业的立足之本，发展之基，壮大之根。没有核心技术的企业是没有希望、没有未来的。装备建设既军事核心技术密集，又十分敏感。军事核心技术的特点是市场换不来，有钱也买不来，只能靠独立自主、自力更生，靠自己研发，靠自己发展。因此，在装备建设中，必须坚定不移地实施创新驱动发展战略，坚持自主创新的战略基点，坚持立足国情、军情，大幅提高国防科技自主创新能力，抓住新一轮科技革命和产业变革正在兴起的机遇，在一些基础性、前瞻性、战略性的前沿技术领域，努力创造和拥有一批具有自主知识产权的军事核心技术，为装备建设的健康发展、跨越发展奠定坚实技术和物质基础。

（三）重视管理体系建设

装备建设是一个复杂的巨系统工程，对管理的科学性有着更高的要求。同时，科学的管理对提升装备建设的效益有着更为重要的意义。要充分认识装备建设中科学管理的重要意义，重视管理队伍建设，在装备建设管理战线，舍得抽调精兵强将充实管理队伍，下大力气培养和造就一批会管理、懂技术、善指挥的将才、帅才；各级管理者要以较强的责任心和强烈的时代使命感，以现代管理科学为指导，加强管理科学研究，追求卓越管理，善于学习世界先进企业管理经验，树立与时代发展、与职责使命和装备建设发展要求相适应的现代管理理念，构建高效、顺畅而又充满活力的管理体系。

（四）要有明确的目标

唯有远大的理想和目标，能产生持久的行动和不熄的动力，装备建设是铸国之利器的国之大事，必须从国家层面树立起明确而清晰的目标。要着眼于未来世界格局的新变化，国防建设的新要求，瞄准世界军事强国一流装备体系，发展与我国国际地位相称，维护国家安全和发展利益有保障的武器装备；要重视装备的体系技术研究，加强装备的顶层设计和筹划，构建科学的装备体系；强化装备体系对规划、计划的牵引作用；突出规划、计划的严肃性、权威性，持续、稳定、快速推进装备建设。

（五）勇往直前

目标确定就要坚定前行。艰难困苦，玉汝于成。水滴石穿，贵在持之以恒。面对世界军事强国装备建设快速发展的强劲势头，要有“核潜艇一万年也要搞出来的”雄心和胆气，以敢为人先，勇攀高峰，舍我其谁的斗志奋力向前，矢志不移。要大力开展自主创新、原始创新和集成创新，抓住国防科技和武器装备建设的薄弱环节，在一些易于受制于人的关键领域、重大项目，举全国之力加大攻关力度，集中精力打歼灭战；努力抢占军事技术领域的制高点，发展一批能克敌软肋，使敌害怕，战之必胜，能有效形成战略制衡能力的“杀手锏”装备。在21世纪，共同书写无愧于时代、无愧于伟大中华民族的崭新篇章！

第五章　加强装备建设科学性、针对性、前瞻性的对策建议

习近平主席在《深入贯彻落实党在新形势下的强军目标,加快建设我军特色的世界一流大学》文中强调指出:当前,新一轮科技革命和产业变革正在孕育兴起,世界新军事变革加速发展。我们要审时度势,抢抓机遇,夺占先机。要牵住“牛鼻子”,把国防科技和武器装备建设的薄弱环节作为推进自主创新的主攻方向,选准突破口,加强预先研究和探索,努力在前瞻性、战略性领域占有一席之地。

装备建设的科学性、针对性、前瞻性是装备建设的灵魂,是装备建设必须遵循的根本原则。对于装备建设的健康、持续、稳步发展和提高装备建设效益至关重要。同时,实现装备建设的科学性、针对性、前瞻性也是一个长期的实践过程,既需要正确的理论指导,也需要在实践中不断探索完善。结合国外军事强国装备建设的成功实践和我军装备建设实际,现对加强我军装备建设科学性、针对性、前瞻性提出以下对策和建议。

一、加强战略统筹

习近平主席深刻指出:现代高新技术武器装备是大国地位的重要支撑,是维护国家安全的利器。以“两弹一星”为代表的尖端武器装备是我国站起来、自立于民族之林的重要标志和重要支撑。面对国家安全需求的新变化,我们既要敢于亮剑,也要重视铸剑,切实把武器装备搞上去。习近平主席的重要讲话,既深刻揭示了武器装备建设在国家发展中的突出地位和作用,也为我军的装备建设指明了方向。装备建设是国防建设的重要组成部分,必须以国防战略为统揽,以强军目标为引领,以习近平主席提出的关于国防和军队建设的重要论述为根本遵循,站在国家安全发展全局的高度,着眼于国际战略格局的新变化、新要求,从国家安全发展的时代特征和长远发展出发,统筹安排,明确方向重点,合理确定经费投入强度,确保装备建设与国防建设发展要求相统一,与富国强军目标相一致,为建设一支与大国地位相适应的国防力量提供坚强物质保障。

二、加强理论指导

理论是科学的结晶和行动的先导。保持装备建设的科学性，必须有科学的理论指导。要强化理论在装备建设中的先导作用，尤其是突出作战理论、装备建设理论研究和在实践中的运用。在大力开展作战理论和装备需求生成理论研究的基础上，重点开展作战理论和装备需求生成理论相结合、相统一、相一致的研究。要强化作战指挥员和作战研究者的装备发展和技术发展意识，面向未来信息化条件下的一体化联合作战，从探究“战争制胜的新机理”入手，提出新的作战概念，以新的作战概念牵引装备技术、牵引装备概念、牵引装备建设，使装备建设中的作战需求牵引真正落到实处，融入具体的装备研制中，使作战指挥员的奇思妙想有坚实的技术支撑。装备建设是战争准备的最重要内容，要面向未来作战，深入开展装备需求生成理论研究，并充分运用理论指导实践，使装备发展从起步就根植于未来的作战中。

三、加强顶层设计

顶层筹划是装备建设的源头，对装备建设具有统领和指向作用。实现装备建设的科学性，必须从源头抓起，把顶层筹划作为实现装备建设科学性的重要内容，加强体系设计，搞好顶层筹划。装备建设是一项长期的战略任务，也是一项复杂的系统工程。这种长期性、复杂性决定了在装备建设中，必须首先按照“体系建设、体系发展”的思路，始终立足世界新军事变革的时代背景、信息化战争的发展趋势，完成我军机械化和信息化建设的双重历史任务来思考谋划装备建设；要以装备的体系贡献率为依据，坚持战斗力标准，科学确定装备发展的结构、规模、数量、资源配置和实现途径；要有很强的体系谋划意识，自觉把装备建设融入国家发展战略、全军建设发展体系来谋划，要深入开展体系设计技术研究，不断强化设计武器装备就是设计未来战争理念，以打赢未来信息化条件下的战争所需的体系能力为牵引，以世界的眼光，战略的思维，扎实做好顶层设计工作，为科学构建具有我军特色的装备体系打下基础。

四、加强需求牵引

需求是装备建设的源头，只有需求提的科学准确，才有建设方案的合理正确。坚持“需求牵引，技术推动”是装备建设的铁律，也是装备建设科学性、针对性、前瞻性的重要保证和基础。必须加强装备生成需求机制和规律研究，使装备需求的产生具有科学性、针对性、前瞻性。要强化装备发展需求对装备建设的牵引意识，从国家安全战略全局和国防建设发展需求出发，充分运用系统分析、虚拟现实、仿真推演等现代管理科学的方法和手段，以问题为导向，瞄准未来战争，面向部队实际，深入开展装备需求研究；并把需求研究的成果作为装备体制、装备规划和顶层设计的重要依据，确保装备发展能既满足部队建设的现实需要，也与打赢未来战争的长远建设相适应。

五、加强作战实验

未来战争，除了人的因素，装备的作用绝不能低估。现代仿真、模拟等实验技术的飞速发展，为战争预实践提供了可能，战争往往首先在实验室打响，在实验室分胜负。因而要高度重视作战实验的装备运用，不仅通过作战实验验证、检验作战概念，也要通过作战实验验证、检验装备性能、效能，以及技术指标。要赋予作战实验室装备使用效能分析的责任，由战争设计者提出装备的概念需求、能力需求和改进意见，使战争设计和装备设计实现有机结合，互促共赢，融合发展；要紧盯作战对手，通过模拟仿真把作战对手的情况研究透，切实把"跟谁打、打什么、怎么打、在哪里打"的问题搞清楚；在实验中发现、培育和确立与信息化战争相适应的现代思维方式，牢固树立仗怎么打，装备就怎么建的理念，有效增强装备建设的针对性。

六、加强试验评估

试验评估是装备研制交付部队前的最后一道程序，重点是在真实的使用条件下，考核装备设计指标是否达到设计要求。试验评估的结果，不仅是装备能否通过验收和交付的重要依据，对装备设计的改进和提高也具有重要意义。要改变论证、设计、试验各自封闭、独立的传统工作模式，进一步加强对试验评估数据的处理和分析，及时将试验评估数据反馈给设计单位、科研单位、论证单位；使试验评估的结果作为设计、研制、论证新型号装备的输入，使装备论证、设计、研制、试验形成一个完整的闭环，一个有机的整体；重点建设论证、设计、试验评估数据统一管理中心，形成各类数据共享机制，不断推动装备建设在新的起点上向前发展。

七、加强协同创新

创新是时代的主题和发展的动力。高新技术在装备建设中的及时应用，既为装备建设不断注入新的活力,也是推动装备建设保持前瞻性和先进水平的重要途径。没有一流的科技,就没有一流的装备。装备的发展既源于需求,更依赖科技的支撑和推动,科技创新对装备发展越来越重要,科技创造未来。“在激烈的国际军事竞争中要想掌握主动,就必须大力推进科技进步和创新,大幅提高国防科技自主创新能力。”必须瞄准世界科技前沿,大力开展原始创新,在重点和关键领域,拥有和掌握核心技术。但科学技术日新月异,重点领域、关键方向的突破、创新难度越来越大。单靠个人的智慧、某一单位的力量都很难有重大进展,特别是代表科技发展前沿的装备技术领域。必须走精英+团队的路线,以更宽阔的视野,开放办科研,联合搞攻关;要充分利用互联网等现代信息平台,为跨地域、跨平台、跨领域提供科技协作的可能,调动各方面的积极性,挖掘各方潜力、资源,进行协同创新、集智攻关。始终以先进的装备技术,推动装备建设的稳步发展、跨越发展。

八、加强论证研究

论证研究是装备建设的前端工程,是科学决策的前提,论证结果直接关系装备建设发展。归根结底,装备建设是为明天的战争做准备的。一代装备,一代战争,一型装备从论证到列装,需要数年甚至十余年时间,此时战争形态和作战样式已发生变化。需要以军事战略为指导,前瞻研究未来的战争形态、作战对手和作战样式。坚持作战需求牵引,针对未来可能的战争样式、战争形态、战争对手确定装备体系、规模和结构。要站在国防建设的全局,以对国家、对民族、对广大指战员生命、对打赢未来战争负责的态度,坚持科学,唯真唯实,尊重规律,充分利用现代科学技术成果,采用模拟、仿真等技术手段,客观公正、严谨缜密地深入开展论证研究,特别是要把军事需求论证好,针对未来作战和部队装备建设实际需求,提出有价值的真知灼见,为实现装备建设的科学发展奠定坚实基础。

九、加强概念创新

装备概念创新是引领装备向更高层次发展的源泉。装备概念创新既源于技术创新,又高于技术创新;既依赖于技术创新,又区别于技术创新。技术创新只会对某一技术领域、技术方向产生重大影响。但装备概念创新绝不仅仅意味着一型新装备的诞生。实际上新装备的出现,将对整个军事领域,包括作战方式、人员编制、作战训练、作战编成,乃至整个战争形态,都将产生全方位的、革命性的、根本性的影响。对技术的牵引,更不会局限某一领域,而是会辐射到各个领域,具有全面的、长期的引领作用。世界军事强国都十分重视装备概念创新。例如,美国海军为适应"由海向陆"战略调整,针对缺乏在敌方濒海区域对抗潜艇、小型水面舰艇和水雷的能力,从体系建设角度提出了濒海战斗舰概念,进一步优化完善了美国海军兵力结构,有效提升了美国海军在近海浅水区域的体系作战能力。

十、加强预先研究

预先研究是装备创新发展的重要技术基础,是孕育新原理、新概念、新方法的沃土,是先进技术转化应用于军事目的和装备的桥梁,是创新驱动装备发展的强大动力,是引领装备建设保持前瞻性的重要途径。应着眼于装备的跨越发展,大力开展预先研究和探索,针对装备建设中的薄弱环节,拟制技术发展谱系,制定中长期预先研究发展规划,充分地调动军地科研院(所)、高等院校等各方力量,有计划、有步骤、系统地组织攻关,持续地长期滚动用力,努力在前瞻性、战略性领域占有一席之地,为武器装备的创新发展增强后劲。

十一、加强技术预测

新技术总是最先应用于军事领域,技术推动装备发展。当前,我们正处在第四次工业革命的开端,技术和数字将改变一切,前沿性、先导性、探索性、颠覆性技术大批涌现,各项重大技术创新即将在全球范围内掀起波澜壮阔、势不可挡的巨变。2015 年 9 月世界经济论坛发布了一份报告,指出了 3D 打印技术、人工智能、可穿戴接入互联网服饰等 21 个技术引爆点(某些特定的技术变革冲击主流社会的时间节点),将塑造未来高度互联的数字化世界。我们虽然还无法预计这些技术引爆点会给社会带来怎样的巨大变化,但可以肯定的是,颠覆性的技术必然带来颠覆性、革命性的影响,而首当其冲的是必然要催生一批新的武器装备,进而改变未来战争样式、战场形态,引发新一轮军事变革。因此加强技术预测,准确把握和预测新技术的增长点,未雨绸缪,不仅是加速装备技术发展的需要,也是军队现代化建设发展的必然要求。

十二、加强智库建设

装备建设发展日趋显著的复杂性、体系性、创新性,对专家咨询体系建设提出了新的要求。必须高度重视装备建设的专业智库建设,充分发挥专业智库在装备建设中的咨询作用,着力打造一批具有国际视野、战略眼光、前瞻思维、创新视角、能不断推出高价值预测成果和咨询意见的高端专业智库。要高度重视发展战略研究，建立健全顶层战略规划体系，并站在时代发展的高度与时俱进、不断完善，确保装备建设发展战略指导方向正确，顶层规划计划与国防战略相适应。不断增强装备建设科学性、针对性、前瞻性。

十三、结论与启示

习近平主席在国防和军队建设重要论述中深刻指出：设计装备就是设计未来战争。武器装备建设必须坚持面向未来、面向战场、面向部队，发挥好作战需求的主导作用。他还突出强调，在考虑作战需求的同时，考虑技术实现的可能和未来发展趋势，把作战需求牵引和技术推动有机结合起来，增强装备建设发展的科学性、针对性、前瞻性。习近平主席的重要论述，既深刻揭示了装备建设的本质和规律，也为我军的装备建设指明了方向。在装备建设中，必须坚决贯彻落实习近平主席的重要指示，充分认识装备建设的科学性、针对性、前瞻性对装备建设健康、持续、稳步发展的重大作用，始终把提高科学性、针对性、前瞻性作为装备建设的根本遵循，多方施策，常抓不懈。

第六章 世界军事强国武器装备与发展展望

知己知彼，百战不殆。装备建设发展的科学性、针对性、前瞻性要求我们的武器装备发展必须与时代相适应，与强敌相比肩，与大国地位相匹配；要求我们必须站高望远，胸怀世界，瞄准未来，以世界军事强国装备建设发展为参照系，努力在新一轮军事变革中占据主动和有利位置。为此，我们必须加强对世界武器装备发展的跟踪，准确把握主要军事强国武器装备发展的趋势。进入21世纪以来，世界主要国家更加重视装备建设发展的科学性、针对性、前瞻性。在大力推进以隐身、智能、多功能为主要特征的新型主战装备研制发展和升级改造的同时，积极面向未来从战略上、体系上谋划下一代武器装备的发展，加快构建攻防兼备的战略威慑体系，传统装备更新换代加快，新一代武器装备层出不穷，竞相登场。新概念武器装备渐露端倪，呼之欲出。呈现许多新的特点，反映了当前和今后一个时期世界武器装备建设发展的总体趋势和大致走向，值得引起关注。

一、核潜艇、洲际导弹和轰炸机等战略核运载系统和武器仍是重中之重

寻求绝对代差，保持绝对优势，为在世界范围独步天下、推行霸权提供强力支撑，一直是美国第二次世界大战以来装备建设发展的基本方针。亦步亦趋、研仿、跟跑、追风，成了世界装备建设的热闹而又充满灰色的一道风景，也是其他各国的无奈选择。这种局面，即使到了今天还是没有改变。美国虽遥遥领先、独领风骚，还是在向前、向前，努力把世界各国甩得更远。据美国有线电视新闻网(CNN)2017年1月17日报道，五角大楼已经开始对美国核武器政策进行最新评估。这项评估每8年进行一次，冷战结束以来，已经进行了三次。据称，这将影响美国核武库未来。10年中至少要花费约3990亿美元。其中1890亿美元用于战略核运载系统和武器，包括潜艇、洲际导弹和轰炸机，美国能源部的特殊弹头和潜艇的核反应堆；90亿美元用于战术核运载系统和武器；870亿美元用于核武器实验室、生产设备和维护费用；580亿美元用于国防部指挥、控制、通信和预警系统；560亿美元用于额外费用。美国总统特朗普在2017年2月接受路透

社记者采访时直言不讳地说:“没有国家拥有核武器,这是一个美妙的梦想,但如果有国家动用核武器,我们将是最强的。”观其行,听其言,我们可以清晰判断出其发展“核武”的决心、意志,以及其装备建设的基本走向。而情况远远不止这样,不用回头看,可以肯定,俄罗斯、印度等几个有核国家一定在紧随其后,加快其核武器系统的升级和改造。据透露,俄新社 2017 年 4 月 6 日报道,今年 7 月初,俄联邦国防部将完成《2018—2025 年国家武器装备计划》,已有权威人士表示,该计划最主要的任务是 2020 年前实现武器装备现代化率 70%的目标,其中核遏制力量(包括“北风”级战略核潜艇)和空天防御力量是发展重点。2017 年 7 月 2 日俄卫星网报道,俄罗斯海军负责武器装备的高级官员在圣彼得堡海事展上明确表示,一种全新的“将超越当前潜艇所有指标的”核潜艇,俄罗斯海军第五代核潜艇项目“哈基思”将列入《2018—2025 年国家武器装备计划》,并在未来陆续取代“亚森”级攻击核潜艇。“核武”成了时下一个不得不说,“欲说还休”的话题,如芒刺在背,如梗在喉。

二、高超声速飞行器、高超声速飞机正呼啸而来

在结构外形、材料已达极致的情况下,美军认为:速度是一种新的隐身。高超声速飞机和武器将是获得未来军事优势的重要因素,“高超声速”是改变未来游戏规则的重要技术方向。高超声速装备具有巨大军事价值和无限潜力。鉴于此,美国、俄罗斯、法国、印度、日本等军事强国,都一直关注高超声速技术的发展,持续投入相关领域研究,并接连取得阶段性成果。目前,美国国防高级研究计划局(DARPA)和美国空军,以及洛克希德·马丁等公司,在高超声速技术领域已经取得很多突破,“先进高超声速武器”(AHW)在 2011 年首次试验取得圆满成功,已被美国国防部作为“快速全球打击”项目的重心,2006—2014 财年,已累计获得公开投资 4.6 亿美元,从 2014 财年开始,继续不断加大投入。2019 年完成技术验证,转入装备采办程序。高超声速武器是堪比隐身飞机的跨越性装备。俄罗斯紧随其后,经过多年潜心研究,2017 年 4 月 16 日,俄罗斯最新型“锆石”高超声速反舰导弹呼啸而过、一鸣惊天,以马赫数 8 的飞行速度又一次成功完成试射。有消息称:该导弹于 2018 年批量生产,并开始装备部队。首先考虑装备的是“彼得大帝”号和“纳希莫夫海军上将”号重型核导弹巡洋舰,该导弹是真正的航空母舰杀手,射程 400 千米。《每日邮报》网站写道:“这种导弹一次打击就能摧毁一艘航空母舰,其飞行速度使其无法拦截。”法国、印度、日本等自 20 世纪 60 年代以来,也从未间断此项研究,并都取得了显著进展。与此同时,

美国的高超声速飞机研究也进展迅速，速度为马赫数5~7，高度为25~30千米，巡航时间为30~60分钟的高超声速飞机的关键预研项目正稳步展开。据美国国防系统网站2017年3月23日报道，美国空军首席科学家杰弗里·扎卡赖亚斯表示，可回收的高超声速无人机平台，将继2025年左右高超声速武器具备军事作战能力之后投入使用，无人高超声速监视飞行将于2030年实现。而发射可回收的高超声速无人机将于2040年实现。美军认为，未来20年将是美国可重复使用高超声速飞机发展的最关键时期，这一时期一旦领先取得进步和突破，必将为美军构建起新的空天作战优势，形成新的常规战略威慑和实战制胜能力。从以上各国对高超声速的研发情况，我们可以看出今后高超声速武器装备发展的大体趋势，以及其在未来武器装备体系中的突出地位。

三、水上大型海上作战平台仍备受青睐

继陆、海、空、天之后，网电空间异军突起，以其无穷魅力和无限神秘吸引着世界各国的目光，成为新一轮军事变革的强大动力和牵引，深刻影响和改变着军队装备建设的方向，同时其自身也一跃成为装备建设的重点。但其毕竟是无形之箭、无疆之域、无影之器，持续有形的威慑效果难以显现。因而，在相当长一段时间里，大型有形装备的威慑作用仍然无可取代，水上大型海上作战平台仍备受青睐。航空母舰、大型驱逐舰等水上大型作战平台仍是世界军事强国首选。世所公认，美国早已拥有世界无以匹敌的航母打击战斗群，但其还是把发展航空母舰置于重要位置。据美国海军官网报道，2017年4月8日，美国新一代核动力航空母舰首舰——“福特”号航空母舰开始建造阶段海试，5月底交付美国海军。7月22日，在弗吉尼亚州诺福克海军基地隆重举行服役仪式，这意味着世界最大、最先进的航空母舰已正式列编服役。美国总统特朗普出席仪式并讲话，称赞“这是了不起的成就”。“福特”号2004年5月签约建造，2013年11月9日下水，从规划至今已经超过10年，耗资130亿美元；二号舰“肯尼迪”号也于2015年铺设龙骨，计划于2023年服役，届时，美国将拥有12艘航空母舰。英国也不惜斥巨资建造航空母舰，“伊丽莎白女王”号航空母舰已于2014年7月下水，其姊妹舰“威尔士亲王”号也于2016年服役，两艘战舰共耗资62亿英镑，是英国海军历史上最大的航空母舰。印度，继自行研制建造的首艘“维克兰特”号航空母舰于2013年8月下水后，由俄罗斯海军基辅级航空母舰末舰戈尔什科夫海军上将号航空母舰改装的“维克拉姆帝亚”号航空母舰于2014年1月抵达其母港——位于印度西北部卡纳塔克邦的卡尔瓦尔海军基地。2013年8月，日本的

准航空母舰“出云”号下水，2017 年 3 月“加贺”号直升机母舰正式开始服役；至此，日本已拥有 4 艘直升机航母。受这些国家的刺激，经费上已捉襟见肘意欲放弃航空母舰建造的俄罗斯也一反常态，2017 年 6 月 28 日，在彼得堡国际海事展上，俄罗斯海军负责武器装备的副总司令维克托·布尔苏克公开表示：俄罗斯海军打算建造新航空母舰。他说，没错，海军要建一艘航空母舰，这是肯定的。克雷洛夫中心展示的只是一个实体模型，好多设计局都在参与设计这艘航空母舰。研究造船的克雷洛夫中心此前宣布，正在研制排水量达 10 万吨，能携带80~90架战机的 23000E“风暴”级重型航空母舰。期间，全新的美国“朱姆沃尔特”级驱逐舰、韩国“独岛”号、俄罗斯引进的法国“西北风”级两栖攻击舰都于世纪初年相继入役，它们既成为各国的标志性装备，也清晰表明了当今主要国家装备建设的重点。肌肉，还是要展示的。有钱，还是要办大事。

四、无人作战系统发展迅速，无人自主等智能化装备闪亮登场

装备总是和主流技术的发展如影相随、形影不离，从而带上鲜明的时代烙印。如果问起 21 世纪诞生的代表性装备是什么，我想那一定是无人作战系统，无人自主装备。进入 21 世纪以来，与科幻一样的各种各样装备不断呈现在人们面前。但这再也不是科幻了，而是真真切切、活灵活现的高度智能的无人装备。它们闪亮登场，带给人们的却再也不是想象、对未知的好奇心、对未来探索的热情；而是一个充满挑战、威胁，甚至恐惧可怕的世界，一个全新的战场。美国是这一领域的领跑者，不仅投入了大量的经费，研制了无以数计的无人机、无人艇、无人战车、机器人等无人自主作战装备，而且在伊拉克、阿富汗、“9·11”后的反恐战争中大量使用，一展身手，取得出奇效果。近年来，美国持续加大这一领域的研发力度，各类新型无人作战系统频频亮相。目前，美军已建立了包括无人机、无人舰艇和无人战车等先进无人系统在内的覆盖三军的无人作战体系。在海军方面，2016 年 10 月，美国海军办公室宣布，海军在无人系统集群作战方面已取得突破性进展；2017 年 4 月，美军在俄勒冈州波特兰市为处于测试阶段的无人驾驶军舰“海上猎手”号举行洗礼命名仪式。这艘艇长 40 米，使用时无须任何人进行远程遥控，可在海上自行连续航行 2~3 个月，以追踪敌军潜艇。美国国防部副部长罗伯特·沃克说：“这是一个转折点。即美国首次拥有具备跨洋能力的全机器人战舰，希望 5 年内在西太平洋海域和海湾地区能够部署‘无人驾驶’军舰舰队。”在空军方面，美国空军提出了“忠诚僚机”作战概念，设想以 F-

22、F-35 等战机控制无人机队，打造“蜂群”杀手，于 2018 年开展F-16 武装无人机与 F-35 联合攻击机进行协同作战测试。目的是将第四代战斗机进行无人驾驶改装，并将其与第五代隐身战斗机进行配对，使第五代隐身战斗机的驾驶员对其实行控制，形成类似有人机与无人机之间的“长机”与“僚机”战术格局。2017 年 6 月 6 日美国“战略之页”网站报道，美国空军已经证明，改装成无人机的 F-16 与有人驾驶的 F-16 能够成功地进行编队行动。同时，该消息还透露，美国有数以百计退役的 F-16 可以改装成作战无人机，这是一件多么不能让人小觑的事情。在陆军方面，美军无人作战系统已初具战力，地面无人作战系统已达 1.5 万多个，无人机数量超过 1 万架。正在开发更加轻便、行驶速度更快、适应各种地形的新型无人战车。设想未来由 8 辆战车组成陆军排，其中有人和无人各 4 辆。无人作战装备正从以往单个、零散向集群、规模运用转变。俄罗斯、英国、德国、日本、韩国等国也已相继推出机器人战士。可以预见，未来，在一个新的时代里，无人和自主武器系统将在战争中扮演核心角色。无人化战争正款款向我们走来，当在战场上面对这些蜂拥而来的冷面杀手——钢铁战士，人类是该庆幸呢，还是悔不当初。想象已没有意义，重要的是我们现在应该怎么办！

五、导弹武器向多功能化、智能化、微型化、模块化方向发展

曾几何时，“快、远、准、狠”一度成为导弹武器发展的重要目标。一时间，超声速、远程化、精准化、大型化成为导弹追求的重要指标。但随着军事前沿技术的发展，当这些指标已经达到一定状态时，导弹，这一已经形成思维定式的打击武器，今天正呈现出许多新的特点，在无情颠覆人们想象力的同时，引领着导弹武器的发展方向。其中智能化、微型化、多功能化、模块化、跨域化等能力是新一代导弹的突出特征。智能化就是要实现自主感知、自主决策、自主发射、自主飞行、自主协同、自主打击、自主完成作战使命；微型化就是使导弹适应内埋化、无人化作战平台和高密度装填的特性，提高火力打击密度，摧毁敌抗饱和攻击能力，如美国近年发展的“微型直接碰撞杀伤”“枪刺”“长矛”等导弹，最小质量已小于 1 千克；多功能化是指导弹适应多类多域目标打击、完成多样化使命任务的特性，现阶段最典型的是美国的“标准”-6 航空导弹，不仅能拦截战斗机、无人机、直升机、反巡航导弹和近程弹道导弹，还能打击水面舰艇等移动目标；模块化就是使导弹能够根据需求选择导引头、动力装置，通过对模块化子系统进行整弹集成，组装成多种适应不同任务的导弹；跨域化是指导弹要具备跨越不同介质，在不同作战域实施作战的能力，如在水下、低空稠密大气层、高空稀薄大气层等，

上天、入地、下海，无所不能。这些新型导弹的问世，必将对未来战场作战产生重要影响。面对未来世界谁能想象出，东方神话《西游记》中无所不能的齐天大圣孙悟空再世，该是怎样的惊讶和不安！

六、新概念武器装备呼之欲出，迈向实战化阶段

新技术大批涌现和迅速发展的最具代表性标志是新概念武器装备的诞生。它们不仅将深刻改变传统武器装备的物理性能、几何尺寸，而且将改变战争的制胜机理和游戏规则。以“新”争“宠”，以“新”出“世”，以“新”制胜，一个“新”字，使其成为21世纪武器家族中一片耀眼的新星，引起各国的高度重视。新概念武器是指在工作原理和杀伤机理上有别于传统武器，能大幅提高作战效能的一类新型武器，主要包括定向能武器、动能武器等。美国当仁不让地走在了世界的前列，在定向能、动能等新概念武器研制上均取得突破性进展。据美国《防务周刊》网站2017年3月16日报道：日前洛克希德·马丁公司正式开始向美国陆军交付一款60千瓦级的激光器。这款激光器在早些时候的测试中产生了58千瓦的单光束，创下了世界纪录。这种更强大激光器的交付，标志着美国定向能武器研发又进入了一个重要的里程碑。美国空军更是不甘示弱，不但考虑使用无人机搭载激光器拦截助推段的弹道导弹，还计划为下一代隐身加油机安装激光器用于自卫。又有消息透露，美国空军正在开展一项代号“神盾”的研发项目，计划在5年内为现有武器平台研发出既能摧毁目标又能自我防御的“全能激光器”。在海军方面，美国海军正加速开发具有更强致命性、精确度和动力源的激光，用来摧毁攻击导弹、无人驾驶飞机和其他威胁。自2014年起，美国海军一直在一艘称为“庞塞”号的军舰上试验一种功率为30千瓦的激光器，并成功在2017年内从一艘试验船上发射一枚150千瓦的武器。2017年3月7日，美国海军司令部向工业部门发布信息征询书，征集可在最短时间内集成至DDG 51 Ⅱ型驱逐舰的激光武器系统方案。闻此消息，洛克希德·马丁公司跃跃欲试，拟将其60千瓦级激光武器系统改装成美国海军“海军水面激光武器系统”。细心的观察家还注意到，美国海军新的平台，如DDG1000等高科技驱逐舰，都设计了适应激光和轨道炮等新概念武器需要的集成电力系统。种种迹象表明，激光武器将在未来美国海军计划中占有重要位置。与此同时，美国的电磁导轨炮等动能武器的研制也不断取得突破，2005年启动电磁导轨炮“创新海军样机”第一阶段，经过多年的实验室研究，BAE系统公司和通用原子能公司在2012年分别向美国海军交付了单发全尺寸电磁导轨炮工程样机，并成功进行了射击试验，炮口动

能达到32兆焦的阶段性技术指标。2013年6月,美国海军宣布电磁导轨炮“创新海军样机”项目第二阶段启动。随着这些新概念武器的粉墨登场,要描绘出未来战争是一种怎样的情形,恐怕连今天的科幻作家也感到力不从心了。

七、网络空间作战装备渐露水面

进入21世纪以来,世界各国对网络空间的重视和研究热情十分高涨,网络空间作战装备建设持续加强,已成为世界各国军队建设的重中之重。网络空间作为一个新的作战域,与传统的陆、海、空、天空间比,具有非常独特而鲜明的特点,在这个看不见的战场上,真正地实现了一人可定天下,一键可决胜负,战争可以在无声无影中悄然进行。计算机、键盘、鼠标,网线是这一战场看得见的主战装备,简单得不能再简单了,但它确实是战役行动可以实现战略效果的有效手段;是一个轻松的举手之劳可以摧毁一国意志的特殊战场,这绝不是危言耸听。隐藏在这背后的是聪明人的智慧,知识的价值和力量就蕴涵在这无形的空间里。高科技的威力、战斗力在这一空间体现得淋漓尽致。值得引起重视的是,在网络的世界里,物理的器械、设施、设备作为武器装备的概念已经不复存在,相关的知识技术就是武器、就是装备。如果说从前是知识技术物化成武器装备才能发挥应有的威力,在网络这一新的作战空间已经不需要这一转化过程,可以说它们本身就是作战装备。这一概念虽然至今没有明确定义,但“知识即武器、技术武器化、装备无形化”已成为这一领域作战装备发展的明显趋势,如计算机病毒武器、高能电磁脉冲武器、纳米机器人、网络嗅探和信息攻击技术、微波炸弹等,这些已远远不仅是一个武器的概念,而让人想到和联想更多是知识的概念和深刻内涵,完全无法用物理的外形去感知它的存在、它的威力。可以预见,随着技术的成熟和发展,这些武器一定会批量生产和系列列装。未来网络空间作战装备,将如何掀起惊心动魄的波澜和灾难,令人思而生畏。

八、颠覆性水下战装备有新突破

海战场的透明性是个世界性难题,因其“不透明”而带来的神秘和发展空间,成为各国家海军角逐的重点领域。水下战装备是解决这一难题的重要手段,是形成海上战略威慑和制海权的重要组成部分。美国启动“第三次抵消战略”后,立即把水下战装备作为征集、筛选“长期研发计划”中颠覆性技术的五大领域和“第三次抵消战略”六大颠覆性能力之一,持续加大投入,汇聚主要科研力量,不断加快水下战装备的研制步伐。2010年以来,DARPA和海军研究署

(ONR),先后开展了"分布式敏捷反潜系统""反潜持续跟踪无人艇""上浮式有效载荷"等多个颠覆性反潜装备的研究,目前均取得突破性进展。2013 年,"分布式敏捷反潜系统"完成大潜深测试;2016 年,完成海试,"反潜持续跟踪无人艇"首艇"海上猎人"号完成航速、机动性、稳定性能试验已于 2018 年服役;"上浮式有效载荷"由运载器、有效载荷、通信系统等组成,水面舰艇布放,可在 4000 米水深待机 5 年,需要时远程唤醒,快速释放无人机传感器、导弹等载荷,执行监视侦察和打击任务。DARPA 于 2013 年开始研发,2016 年 6 月完成运载器测试,并在 2017 年完成第三阶段研制,可以看出,仅仅 3 年多一点的时间,这一充满想象的技术,就从概念走向现实,进展是十分迅速的;既说明了美国强大的技术研发实力,也说明了美军对这一领域的高度重视;标志着美国探索的以广域反潜探测、潜艇无人协同、水下保障、海底预置为代表的新型水下装备体系已初步形成,必将对水下战装备构成和作战模式产生革命性影响,海战场的"不透明性"所带来的安全屏障正在逐步消失,一个全新的海战大幕正带着人们的想象徐徐拉开。

九、脑控等脑神经武器装备初露端倪

先进的技术一旦与战争联系在一起,就变得十分黑暗和恐怖。比如说原子能,本来是人类征服自然、利用自然、改造自然的最有力工具,但是一变成原子弹并在战争中投入使用,就变得那样让人不寒而栗,闻其色变;但它还是不以人的意志走进了我们的生活。随着脑科学技术的发展,脑控等脑神经武器装备也初露端倪,堂而皇之地登上了大雅之堂,悄然而迅速地发展,在人类美丽的天空,投下又一片骇人的阴影。更可怕的是,没有人能阻止和抑制它的发展。英国《每日邮报》网站 2017 年 4 月 3 日报道,美军正在实验通过神经刺激装置,打造"超级军人"。据说,使用者只需戴上耳机,经过 20 分钟的持续刺激,其注意力和反应时间就会得到难以想象的增强,成为真正的"超级战士";而这仅仅是诸多项目中的冰山一角。进入 21 世纪 10 年代以来,类脑、脑控等技术发展迅速,屡有突破;通过在大脑中置入芯片,控制人类的思维,再也不是天方夜谭;通过"意识武器"控制敌人指挥员、敌方战士的思维和行动稳操战争胜券,恐怕也不是一句空话。展望未来,随着"意识武器""意识战争"的诞生,一种通过意识决战胜负的新的战争形态必将到来。可悲的是,在人类无限提升对自然认知能力的同时,反过来,对自身的认识恐怕又要有一番新的周折;未来,一种特殊的识别技术,"我还是我吗?""你是你吗?""他是他吗?"将成为"新宠"和制胜的关键"武器";这不能说是人类自作自受,但肯定会有人感到悔不当初。对此必须未雨绸缪,今天的军事家们在充分享受技术发展所带来的无限想象空间的同时，是不是还应再想些什么。

十、防空反导等防御装备有了新发展

道高一尺、魔高一丈。有矛就有盾。精确打击武器的升级换代，空天进攻性武器的迅速发展，催生了防空反导等防御武器装备的发展，拉开了多维、立体、跨域、隐身为代表的第五代新型导弹防御系统建设的大幕。2016 年，美国在全球部署弹道导弹防御系统取得新突破。5 月 12 日美国在罗马尼亚部署的陆基“宙斯盾”弹道导弹防御系统通过认证，投入战斗值班，标志着其“欧洲分阶段适应性方法”(EPAA)第二阶段全部完成；同时启动第三阶段计划，即在波兰开展陆基“宙斯盾”系统阵地建设。据报道，该计划于 2018 年完成。这意味着，波兰和罗马尼亚腹地已成为欧美等国与俄罗斯对抗的前沿，美国已具有在欧洲防御中程和中远程弹道导弹的能力。2016 年 9 月 30 日，美韩两国选定韩国的星州高尔夫球场部署“萨德”系统，这将极大增强美在亚太地区导弹防御系统的作战能力，从而对东北亚地区的安全格局带来严重影响。俄罗斯不甘落后，继 S300、S400 防空导弹之后，一种全新的防空导弹 S500 已经面世，并于 2017 年服役。S500 能够拦截摧毁战役战术导弹以及中程导弹和近太空目标，拦截高度为 100 千米，射程可覆盖方圆 6000 千米，可攻击高超声速飞机、无人机、巡航导弹，或者太空轨道载体等；并能同时跟踪 12 个目标，打击其中 10 个目标；其性能远远高于“爱国者”-3 和“萨德”系统。不管进攻还是防御，装备都是为战争服务的。美、俄两国对防空反导领域的重视和所取得的突破性进展，既向世界展示了人类无所不能的科技潜力，也在警示世人，“和平”从来都只能是人类的一个美好向往。在这风云际会、暗流涌动的时代，我们要有这种愿望，但更重要的是我们能做些什么，怎样才能赢得真正的“和平”！

十一、结论与启示

放眼世界，先进的武器装备仍然是强大军队的有力支撑，而强大的军事实力无疑是一个国家自立于世界和享有话语权的坚强后盾，它是小国崛起、弱国变强、强国更强的根本。展望未来，迅速发展的科学技术还是那样一如既往地首先应用于军事领域，在强力推动武器装备更新换代的同时，也在世界投下一片又一片恐怖的阴影。人类就是这样在不断创造摧毁自己的力量中获取前行的动力，这是否也可以称作是人类历史发展的一个规律，而是规律就必须遵循。

第七章　世界军事技术发展展望

恩格斯说过:“科学是一种在历史上起推动作用的、革命的力量。”他还进一步强调:“一旦技术上的进步可以用于军事目的并且已经用于军事目的,它们便立刻几乎强制地,而且往往是违反指挥官意志而引起作战方式的改变甚至变革。”近代历史和现代几场局部战争充分表明:技术改变战争,谁掌握了军事科技的制高点,谁就掌握了未来战争的主动权。近年来,新一轮科技和产业革命方兴未艾。科技创新的浪潮正以前所未有的速度、广度席卷全球,成为经济和社会发展的强大驱动力。面对科技的迅猛发展和在军事领域的广泛应用,世界主要国家纷纷加大对军事科技的投入,一些重点领域、新兴领域的高新技术,一些被认为“改变游戏规则”、可能改变世界的“颠覆性技术”大量涌现,呈现出强劲的发展势头,不仅将强力牵引军事技术的迅速发展,也必将对未来战争形态产生革命性的影响,彻底改变战争的面貌,需要引起足够重视。

一、太赫兹技术

太赫兹技术是一种被军事专家普遍看好,并称为第五维战场“拓荒者”的技术。太赫兹技术的核心是太赫兹波,一种频率 0.1~10 太赫、波长 3 毫米~30 微米、介于毫米波与红外之间、频谱范围相当宽广的电磁波,具有辐射小、透射性好、通信传输容量大等突出特点,在雷达探测、电子对抗、电磁杀伤和通信技术等军事领域具有广泛的应用前景。美国、欧洲、俄罗斯、日本都十分重视这一技术,纷纷投入巨资开展相关研究。早在 2004 年,美国就先后启动了太赫兹成像阵列技术研究和太赫兹电子学研究计划。经过 20 多年的发展,目前已经研制成功便携式远距离太赫兹成像雷达和放大器集成电路,大功率太赫兹波辐射和高灵敏度探测技术等相关研究也取得了重大突破,将在小孔径通信、高分辨率成像、提高爆炸物探测能力等军事通信、战场侦察、精确制导、反隐身和电磁对抗等军事领域发挥重要作用。未来,随着太赫兹技术的成熟和发展,隐身武器将无所遁形,战场态势感知将迎来质的跃升,战场透明度将大大增强。

二、脑科学技术

脑科学是关于人类迄今为止最为复杂的人脑神经系统的科学。其研究的终极目标是揭开人类意识的起源之谜,将动态的神经活动模式转化为健康和疾病中的认知、情感、感知和行动,实现对人类精神功能的真正了解,提高预防和控制疾病能力。脑科学技术作为现代科学技术的一个重要前沿领域,近年来发展十分迅速。美国、欧洲、日本等国家或地区已先后启动了重大研究计划,从国家层面强力推动这一研究的发展。2013 年 1 月,欧盟启动"人脑工程"重大计划,计划总投资 12 亿美元,预期研究期限 10 年,将有 130 多家有关脑神经科学、生命科学、临床医学、大型计算机和机器人技术的欧盟科研机构参加,成为目前世界科技界公认的最先进的脑神经大脑研究计划。2013 年 4 月,美国也宣布启动"脑计划"。2014 年 6 月,美国国立卫生研究院咨询委员会,由 15 名世界神经科学界顶尖科学家组成的工作组正式提交了《大脑 2025 科学愿景》,建议从 2016 年开始为期 10 年的脑科学计划,第一个 5 年每年 4 亿美元,第二个 5 年每年 5 亿美元。9 月 30 日,美国政府在白宫举行了脑科学计划会议,参与脑科学计划的联邦机构增加至 5 个,同时众多基金会和私营公司等机构也宣布积极参与脑科学计划,投入总计超过 3 亿美元。值得关注的是,美国军方对此项研究表现出极大的热情,迅速启动了相关研究项目,每年投入数亿美元开展相关研究。2014 年,DARPA 新成立的生物技术办公室共资助 23 个项目,而与脑与神经科学相关的有 12 项之多;2015 财年有经费资助的 165 项,脑与神经科学相关的项目有 20 项,经费达 1.25 亿美元;2016 年 8 月,DARPA 举行了网络挑战大赛,首次实现了人工智能黑客之间的网络攻防对决。此外,脑控技术发展迅速,美国已开发出可通过意识与战友交流的"读心头盔",目的是在未来组建一支"读心部队"。这是多么不可思议和充满科幻的事情!但它确确实实是一个真实的存在。尽管脑科学研究的初衷是实现对人类精神功能的全面性、机制性的了解,进而预防疾病、控制疾病,为人类的健康和提高生命的质量服务,寄托了人类无限美好的愿望。但美军的高调参与,仍给这一领域的研究蒙上了恐怖的色彩。随着脑科学技术的不断突破和在军事领域的应用,未来战争的制胜机理会发生怎样的变化?战场形态又会是个什么样子?

三、虚拟现实技术

一种利用计算机及显示设备模拟产生一个三维空间的虚拟世界,并为使用者提供与之关联的视觉、听觉、触觉等感官模拟的虚拟仿真技术，被誉为“21 世纪的新科技”。虚拟现实设备能够获取使用者运动轨迹和相对位置，并实时进行计算和渲染，让使用者如身临其境一般，及时、全面地观察三维空间内的事物。虚拟现实将在军事领域得到广泛应用。例如：通过三维战场环境图形图像库，包括作战背景、战场环境、各种武器装备和作战兵力，为使用者创造一种逼近真实、多域一体的立体战场环境；利用这个虚拟环境进行虚拟演习，按照部队的实际编制、作战原则、战术要求，使遍布在各地的兵力共同处于一个虚拟的战场环境中，诸兵种在不动一枪、一弹、一车的情况下，进行适时协调一致的联合战役训练，不仅能极大提高部队的作战能力、训练效益，还能大大缩减武器的研发和实训的费用。据悉美国第四代战斗机 F-22 和 JSF 在研制全周期中，由于采用了虚拟现实技术，使得研发周期缩短 50%，节省研发经费 93%。目前，全球各大高校和公司在虚拟现实技术领域投入了大量资源，各种虚拟现实应用异彩纷呈，大有愈演愈烈之势，必将对世界各国的军队建设产生重大而深刻的全方位影响。

四、量子通信技术

量子通信是利用量子纠缠效应进行信息传递的一种新型通信方式。近年来，这门学科已逐步从理论走向实验，并向实用化发展。量子通信又称隐形传送，是指一种无影无踪的传送过程，具有传统通信方式所不具备的绝对安全性，以及大容量、高效率、远距离等特点，在国家安全、信息安全、军事和国防领域具有重大的应用价值，是 21 世纪国际量子物理和信息科学研究的热点。自 1993 年美国 IBM 科研人员提出量子通信理论以来，美国国家科学基金会、DARPA 都对此项目进行了深入的研究；欧盟在 1999 年集中国际力量致力于量子通信的研究，研究项目多达 12 个；日本邮政省把量子通信作为 21 世纪的战略项目。进入 21 世纪以来，量子通信技术得到了较快发展和应用。2004 年，奥地利出现了世界首个采用量子通信的银行；2007 年，瑞士全国大选，为保证选票结果传送过程的绝对安全，也采用了量子通信技术。值得欣喜的是：中国在这一研究领域已走在了前面。2009 年，量子政务网、量子通信网相继在中国建成，这两个可实际投入使用的量子通信网的建成，标志着原本停留在纸面和实验室的量子通信，已经开始走向应用。2011 年 10 月在青海湖首次成功实现了百千米级的自由空间量子隐形传态和纠缠分发。2016 年 6 月，中国传输距离达 2000 千米的“京沪干线”项目完成交付，成为全球首个距离最远的广域光纤量子保密通信骨干线路；8 月 16 日，由中国科学院院士潘建伟担任首席科学家的墨子号量子科学实验卫星成功发射,开启了“天地一体化”量子通信实用化的真正大幕。这是全球首颗量子卫星,这颗卫星的成功发射,让中国在量子通信研究领域又前进了一大步。可以想见,这一曾被爱因斯坦戏称为“诡异的互动性”,而被当今科学家广泛视为“神奇的力量”的发展,一定会在军事领域大显身手,绽放出时代和中国的光芒!对此我们深信不疑和热切期待。

五、3D 打印(增材制造)技术

3D 打印技术是一种快速成形的,以数字模型文件为基础,运用粉末金属或塑料等可黏合材料,通过逐层打印的方式直接制造几乎任意形状三维实体的技术。在模具制造、工业设计等领域用于制造模型和产品的直接制造,现已有使用这种技术打印而成的零部件。近年来,3D 打印技术作为新一轮科技革命和产业变革的代表性和颠覆性技术,因其在工业设计、先进制造领域表现出的广泛应用前景,越来越受到各国政府的重视。美国政府于 2012 年 8 月成立了“国家 3D 打印创新中心”,中心成立后得到了高达 1. 1 亿美元的支持,并于 10 月正式开始运行。经过 3 年多的发展,该中心不仅聚集了生态系统中的不同要素,还建立了流程,使之成为一个可持续的生态系统,吸引了工业界、学术界、政府和其他组织的广泛参与。目前该中心已有会员 179 家,年增长率达到 40%,其中政府合作伙伴 9 家,白金、黄金、白银会员分别为 19 家、53 家、98 家,涵盖了横跨全美 3D 打印全产业链的主要大中小型企业、高校、国家实验室和政府机构;政府的重视,众多企业、高校的参与,为 3D 打印技术注入了活力,推动了 3D 打印技术的蓬勃发展。3D 打印在国防科技等军事领域也展现出巨大的应用潜力,美国陆军和海军已于 2014 年开始研制 3D 打印机,用于现场打印备件和设计制造更便宜、更轻、更有效的武器系统,以节省大量设备运输时间和成本。2017 年 4 月 4 日防务新闻报道:洛克希德·马丁公司计划采用 3D 打印和虚拟现实技术,参与下一阶段的陆基战略威慑(GBSD)的竞争。也有消息称:美国空军目前正在第六颗“先进极高频”卫星上试用激光熔覆增材技术,利用数字化设计用激光熔化金属铝粉。遥控接口装置——容纳航空电路的铝外壳,将是第一种用于洛克希德·马丁军事卫星的 3D 打印零件。有趣的是这篇报道的题目就是:“洛克希德·马丁 3D 打印:这次是军事卫星零件,下次是造洲际核导弹。”这一带有明显大胆预测的标题,既让人看到了 3D 打印技术在军事领域的广阔应用前景,也无疑会使人联想到这一技术将给未来武器装备和战场建设,以及战争形态带来怎样翻天覆地的巨大变化!而我们不是要拭目以待,而是应该思考怎样抢占这一制高点,主动迎接这一挑战！

六、增强现实技术

百度百科定义：增强现实（Augmented Reality，AR）技术是利用计算机生成一种逼真的视、听、力、触和动等感觉的虚拟环境，通过各种传感设备使用户“沉浸”在该环境中，实现用户和环境直接进行自然交互的技术。它是以交互性和构想为基本特征的计算机高级人机界面，是一种全新的人机交互技术，利用这样一种技术，可以模拟真实的现场景观。AR 技术能把真实环境和虚拟物体无缝集成，既能全面地反映真实世界的基本特征，又能将真实世界中不存在的各种要素叠加到真实世界中，使参与者获得高度逼真的感官体验，极大提高虚拟和现实场景的融合性，在态势感知、仿真训练和军工制造等军事领域显露出了广阔的应用前景。近年，AR 技术发展迅速，基于 AR 技术的态势感知装备不断问世。2016 年 6 月，美国海军发布了潜水员视觉显示系统，该系统能向潜水员提供从图表到文字的各类实时信息。11 月，F-35 战机“第三代头盔显示系统”完成测试并交付，该系统可随飞行员视野提供空速、航向、高度、目标和警告等任务信息，辅助飞行员迅速做出正确判断；还可通过显示高清设备，配合头部跟踪系统，使飞行员视野可穿透飞机，实现前所未有的全方位态势感知能力。与此同时，AR 技术在大型复杂装备制造、大批量零部件质检、高端产品维护保障等领域也不断取得突破，波音、洛克希德·马丁等大型军工企业都积极引入 AR 技术。空客公司开发的 MIRA/SART 增强现实工具已于 2015 年实现大规模应用，并于 2016 年实现跨企业应用；该增强现实设备可将飞机装配时间由 21 天减至 3 天，效率提升 6 倍。2016 年美国亨廷顿·英格尔斯工业公司提出在第三艘“福特”级航空母舰建造过程中，利用 AR 技术构建集成数字环境，使船舶建造和过程更直观，实现了造船全流程的高效衔接，从而大大降低了建造成本。目前，美军正加大对增强现实系统的研发力度，计划配备陆军部队的士兵，意在将每名战士都打造成“顺风耳”“千里眼”，使战斗力和作战效能实现大幅跃升。

七、超材料技术

超材料是一种特种复合材料或结构，通过对材料关键尺寸进行有序结构设计，使其获得常规材料所不具备的超常物理性质。典型的超材料包括“左手材料”“光子晶体”“超磁性材料”等。由于超材料具有天然材料所不具备的特殊物理特性，特别是其在雷达、通信、电子战、隐身武器等军事领域的广泛应用前景和将带来的革命性变化，使其研发引起世界各国的高度重视，美国国防部将其列为“六大颠覆性基础研究领域”之一。2010年《科学》杂志将其评为过去10年中人类最重大的十大科技突破之一；美国国防部专门启动了超材料研究计划，英特尔、AMD和IBM等6家公司成立了联合基金，欧盟和日本也制定研究计划投资研究。目前，超材料技术已取得重要进展，例如：通过对气动外形、电磁性能和力学性能的定制化复杂设计，实现物理结构与电磁功能一体化的超材料隐身结构，已在飞机、航船、导弹隐身上得到应用；超材料吸波隐身功能材料，通过人工改变或重新设计天然材料的微结构，使其具备天然材料所不具备的超常物理特性，实现超材料在低频宽频的定制化结构吸波功能，从而使其具有优异的低频宽频隐身性能，可作为舰船船身吸波隐身、甲板吸波隐身、贴覆式吸波隐身材料；利用超材料技术，设计制造具备高透波、低副瓣、低方向图畸变、高隐身性能的电磁窗，可用于导弹罩、机载天线罩；此外，利用超材料电磁调制技术制作的机载共形天线、弹载共形天线、舰载小型化天线，能够实现天线与平台共形安装，具备角域宽、覆盖范围广、高辐射性能与高隐身性等优异特性，可以预见，在不久的将来，超材料在军事领域一定会大放异彩。

八、人工智能技术

人工智能（AI技术）与原子能、空间科学并称为21世纪三大科技前沿。它是研究、开发用于模拟、延伸和扩展人的智能的理论、方法、技术及应用系统的一门新的技术科学。它是计算机科学的一个分支，它企图了解智能的实质，并产生出一种新的能以与人类智能相似的方式做出反应的机器。“像人一样思考，像人一样行动，理智地思考，理智地行动”是它现在可以预见的终极目标。自1956年美国科学家首次提出人工智能的概念后，经过60多年的发展，近年来AI技术取得了长足进步，不断迈向新的历史高度，书写一个又一个传奇的神话：2016年3月，在举世瞩目的人机大赛中，AlphaGo以4∶1的战绩一举战胜围棋高手李世石；6月，美国辛辛那提大学开发的AlphaAI机器飞行员，在空战模拟器上，完胜著名空军战术教官吉恩·李上校，据称在空中格斗中机器调整战术计划的速度比人快250倍；8月，在人机漏洞攻防大战中，DARPA赞助卡内基·梅隆大学研制的Mayhem系统，战胜了14支人类顶尖战队中的2支，并在有7支机器人队伍的网络挑战赛中夺冠。战争是博弈的最高形式，博弈是战争的直接体现。AI技术在这些博弈中令人惊诧的非凡表现，不仅使AI技术一度成为前沿领域的热门话题，也被各行各业普遍看好，尤其是在国防科技和指挥控制等军事领域，更表现出无比广阔的应用前景。AI 技术和智能化武器装备已成为各国装备建设中的重中之重，各国竞相发展，大力投入。带有智能化特征的各种无人装备、无人系统，如雨后春笋般大批涌现。既让人感到眼花缭乱，也让人在扑朔迷离中隐约感到 AI 技术的无穷魅力。特别是美国已将其作为“第三次抵消战略”的核心技术内容，大力推进其向军事领域转化应用。2017 年 3 月 22 日，DARPA 在美国政府联邦高级网发布了《战略技术广泛机构》公告，为寻求创新思想和突破性技术，支撑美国未来战场能力，重点征询了态势感知、多域机动、混合影响、系统之系统（SOS）、海上作战系统、系统之系统增强型小单元和基础战略战术七大技术领域。5 月 3 日至 4 日，DAPRA 所属的战术技术办公室（TTO）还举行了虚拟提案日，由提议者描绘其最感兴趣的创意，倾听公司和个人的想法，公告的重点领域是地面系统、海军系统、空军系统、航天系统、跨域系统。仔细剖析上述这些系统和前面提到的七大技术领域，不难发现几乎都与 AI 技术有关，也使我们看到，当前和未来一个时期，美军对 AI 技术的重视和需求的迫切程度。6 月，美国空军研究室宣布，将与 IBM 公司合作研发类脑计算机，可将类脑芯片的实时数据采集能力，同传统计算机的符合能力相结合，实现智能化数据分析和处理，将对未来智能化武器装备和核武器研发产生重要影响，AI 技术和装备在未来战争中的重要地位和重要程度，由此可见一斑。

九、石墨烯技术

石墨烯是一种二维晶体，是从石墨上剥下来的只有一个碳原子厚度的石墨片。单层石墨烯只有一个碳原子的厚度，即 0.335 纳米，相当于一根头发厚度的 20 万分之一。1 毫米的石墨中将近有 150 万层左右的石墨稀。石墨稀是世界上最薄也是最坚硬的纳米材料，比钻石还坚硬，强度比世界上最好的钢铁还要高上 100 倍。它几乎是完全透明的，只吸收 2.3%的光。它是目前世界上最轻便的材料，1 克石墨烯可以覆盖一个足球场。它是迄今为止导热性、导电性和韧性最出色的材料。石墨烯是 2004 年英国曼彻斯特大学的两位教授在实验室发现的，两人也因此在 2010 年获得诺贝尔物理学奖，从此也把石墨烯带上世界炫丽的舞台，吸引着世人的目光。有业内人士评价：如果说 20 世纪是硅的世纪，石墨烯则开创了 21 世纪的新材料纪元，会给世界带来实质的变化。显然，由于石墨烯集合世界上最优质的各种材料品质于一身，使其拥有了无比广阔的发展空间，在电子、航天、光学、储能、生物医药等诸多领域应用前景一片光明。英国《每日电讯报》网站 2017 年 3 月 28 日报道：英国维珍航空公司创始人理查德·布兰森提出,10 年后飞机有可能完全由所谓的神奇材料石墨烯制造。具有如此优异特性的“神奇”材料,自然也会成为军事领域的“新宠”。目前,虽然还有诸多的技术“瓶颈”没有突破,其产品研发和产业化还面临一些困难,还有相当长的路要走。但世界主要国家的军队仍纷纷把目光聚集这里,期望和坚信在不久的将来,通过在军事航天、军用能源、军用发动机、海水淡化、装甲防护、极高频卫星通信系统、激光武器、光电探测装备、轻便防弹衣等方面的广泛应用,创造出新的让世人惊叹的“神奇”。

十、网络空间技术

20 世纪末,以信息技术为代表的高新技术群迅猛发展,在全世界范围内掀起了一场波澜壮阔的、跨世纪的新军事变革,至今仍汹涌澎湃,一浪高过一浪。伴随这场新军事变革的,绝不仅仅是电子战、信息战、网络中心战这些新的作战概念的出现,以及战争机理、战争手段、战争样式的深刻变化,更在人们面前推出了一个崭新的作战空间。它是一个人类迄今为止仍在探索,在短时间内看不到边界,在未来战争中又绕不开、躲不过,迷雾重重的空间,即网络空间。这是继陆、海、空、天之后,一个新的作战域,一个纯粹由信息技术高速发展开拓出来的无形的,但却是能够创造和夺取有形之胜的关键作战空间。后来者居上,网络空间,无影无踪,看不见,摸不着,既独立,又包容。从广义上说,它无穷无尽,能包容所有的物理空间。从微观上说,它又无孔不入,能渗透和融合于各个空间中。无形胜有形,未来传统战场将融入网络空间,战争将无网不战、无网不胜。网络空间这种与生俱来的特殊属性,奠定了它在军事领域中无与伦比的地位和作用。自露端倪以来,立即引起各国军队的高度重视,各国不断加大网络空间技术的研究和力量建设。2002 年美军建立了世界首支网络部队,2009 年成立网络战司令部,并建有 133 支网络作战分队,并于 2016 年 9 月底获得了“初始行动能力”。美国政府和国防部还先后出台了三份纲领性的文件:2006 年,美军参谋长联席会发布《网络空间作战国家军事战略》;2011 年,美国国防部出台《网络空间行动战略》;2015 年,美国国防部又发布了《国防部网络战略》。从国家和军队战略的高度推动网络空间的建设发展,不断深化网络空间作战重要地位的认识,强化网络空间作战的军事能力建设。俄军于 2013 年着手组建网络空间司令部,将联邦安全局、内务部和武装力量的网络安全力量组成网络战主体力量,2017 年 2 月俄军正式对外宣布已建成信息作战部队。英国为赢得下一代网络空间竞争的主动权,继续加大信息技术的研发投入,推动军队地方协同创新,特别是针对新一代信息技术的协议规范、通信安全等开展先期研究。期间,2010 年,美军还使用“震网”病毒成功攻击了伊朗的核电站,2016 年,美军又从互联网、军用指挥网、民用通信网,对“伊斯兰国”发动“集成”网络攻击,大大压缩了“伊斯兰国”的指挥能力和实际控制范围,取得了兵不血刃、不战而屈人之兵的震慑效果。充分显示了网络空间作战的强大能力和震慑作用,展现了未来战争的既模糊又清晰的图像和制胜机理:抢占了网络空间作战的制高点,就赢得了未来战争制胜的先机。发展网络空间技术,建设网络空间作战力量是适应时代发展的必然要求。

十一、结论与启示

习近平主席深刻指出:要密切跟踪、科学分析世界科技创新发展的趋势,看到差距、找准问题,对看准的方面超前规划布局,将成熟的思路及时转化为政策举措,切实加大投入,抢占先机。预测未来,是为了更好地把握现在,从而赢得未来。我们正处在科学技术快速发展的时代,但战争远远没有因此走开。科技在造福人类生活的同时,也同样以前所未有的速度向军事领域渗透、扩散,不断给战争蒙上神秘的色彩。时代可以忽略我们,但我们绝不能无视时代。在滚滚而来、一轮胜过一轮的新军事变革面前,我们不能无动于衷,也不能随波逐流,而应审时度势、擦亮眼睛、挺立潮头、中流击水,以习近平主席关于创新的系列指示为根本遵循,用中国人的智慧与果敢,以发展对发展,以科技对科技,掌握制胜机理,揭开战争迷雾,执新一轮军事变革之牛耳,在重点领域、重点方向、关键和核心技术,实现重点突破、弯道超车、跨越发展,由跟跑、并跑到领跑,从容走进未来!机遇的大门总是为有准备者敞开的,伟大的中国一定肩负起负责任大国的使命傲然屹立于世界东方。

第八章　21世纪具有科学性、针对性、前瞻性的武器装备扫描

装备建设的科学性、针对性、前瞻性，既是装备建设筹划的指导和遵循，也是装备研制追求的结果，最终应反映在具体的武器装备上，体现在武器装备的先进性、战斗力和生命力上。一个具有科学性、针对性、前瞻性的武器装备，必须是先进的、有战斗力的，而且历久弥新，能经得起战争、时间和技术发展的考验，在未来几十年，甚至几百年都宝刀不老，雄风犹在。经历两次世界大战血与火的洗礼和近半个世纪的“相对和平”时期，世界在成熟和成长中迈入了新的世纪。21世纪是科学技术迅速发展的世纪，也是世界各国装备建设走向成熟的世纪，涌现了一批具有科学性、针对性、前瞻性和时代特征的典型装备。让人唏嘘、惊叹，也令人生畏。它们是科学技术发展和人类智慧的结晶，也是武器装备制高点上一面时代的旗帜，引导着装备建设发展的方向。

一、领先全球的航母新标杆——海上巨无霸“福特”号航空母舰

“杰拉尔德·福特”号航空母舰为福特级核动力航空母舰首舰，于2005年8月切割第一块钢板；2013年11月9日正式下水；于2017年7月开始服役，被称为当今世界最强一代海上打击力量。耗资129亿美元，历时8年建造，是进入21世纪后美国设计的第一艘核动力航空母舰。同时，它也是目前世界海军最新锐的超级航空母舰，现已通过三艘舰的建造计划，分别为CVN-78“福特”号、CVN-79“肯尼迪”号和CVN-80“企业”号。规划在2058年之前建造11艘，取代美国海军现役的“尼米兹”级和“企业”号核动力航空母舰。“福特”号航空母舰采用了很多新技术，如综合电力推进和电磁弹射器，能在较大范围内精准调控弹射推力，弹射几吨到三四十吨的无人机、有人机；使舰载机日出动量大幅提升，由原来的每天120架次增加到每天160架次，高峰出动量由原先的220~240架次/日，增加到270架次/日；安装了两座A18压水堆。在50年的全寿命周期内

无须更换堆芯，相当于具有了无限的续航能力；它提供的强大动力，能使航空母舰的航速达到30节以上。13800伏的配电系统，提供了60兆瓦的电能，满足全电力推进、电磁弹射、电磁及激光武器的用电需求。用隐身性能更高的F-35C战机替换服役的F-18E/F战机；同时，还将装备大量的可执行精确打击、海上监视、空中早期预警、战场评估、反潜和抢险救援任务的高性能无人机。“福特”号航空母舰长330米，宽41米，满载排水量约10万吨。有专家称，“福特”号航空母舰能够帮助美国确保未来50年的海上优势。

二、高新科技集成者——“朱姆沃尔特”号驱逐舰

“朱姆沃尔特”级驱逐舰，美国海军新一代多用途对地打击宙斯盾舰，是美国海军21世纪主力水面舰艇，具有执行威慑、力量投送、制海、指挥和控制任务等各种能力。首舰“朱姆沃尔特”号（DDG-1000）于2013年10月28日下水，二号舰“舰麦可·蒙苏尔”号（DDG1001）和三号舰“林登·约翰逊”号（DDG1002）均按计划于2018年前陆续交付，规划建造8艘。“朱姆沃尔特”号驱逐舰从舰体设计、电机动力、指管通情、网络通信、侦测导航、武器系统等都采用了全新研发的尖端科技，集中展现了美国海军的科技实力，主要有：配备两座先进火炮（AGS），设计的圆概率误差在50米内，射程可达100海里；弹舱进弹采取自动化操作，每座弹舱可搭载750发炮弹，理论上可与18门同口径的M198榴弹炮相当；周边垂直发射系统（PVLS），能让船体受损时的导弹发射能力降至最低；匿踪隐身科技，雷达反射截面比一条渔船还小，噪声比“洛杉矶”级核潜艇还低；全计算机化环境，整合单一设备平台和全舰局域网路于一套统一软件下；自动战斗系统与自动损害隔舱系统，大大减少舰员和成本；整体电力系统（IPS），在全电力推进系统基础上更进一步，是战舰动力系统的革命；“朱姆沃尔特”号舰长182.8米，宽24.1米，航速30节，满载排水量14564吨，乘员140人，造价43亿美元。尽管有专家对其使用的功能定位等提出质疑，但其全新的设计理念、大胆的探索、众多的高新技术应用、综合的作战能力，还是会随着时间的推移，不断闪现出时代的光芒。

三、无人机的领航者——X-47B无人战斗机

X-47B无人战斗机是人类历史上第一架无须人工干预、完全由计算机控制的“无尾翼、喷气式无人驾驶飞机”，也是第一架能够从航空母舰上起飞并自行回落的隐身战机和全球首架能够自主进行空中加油的无人机。于2007年启动，

2011 年 2 月首飞成功，耗资 14 亿美元。X-47B 无人战斗机的问世标志着无人机领域的革命性突破，创下了航空史上的新纪录，在无人机使用上迈出重要一步。X-47B 无人战斗机设计时速可达 800 千米/小时，设计最大高度 12000 米，可以携带 2 枚精确制导导弹，载量已远远超过现有的无人机；作战半径 800 海里，航程 2000 海里，相当于 F-35 战机的 2 倍；将美军飞行器的滞空时间从 10 小时提升到 30 小时左右，大幅超越了人类飞行员的身体承受极限；X-47B 无人战斗机具有卓越的隐身性能和战场生存能力，雷达和红外低可探测性非常优异，能够有效突破敌方防空圈，为后续有人战机开辟道路；还能与有人机协同编组，进行联合作战。X-47B 无人战斗机长 11.63 米，翼展 18.92 米，空重 6.35 千克，最大起飞质量 20.215 千克。目前，X-47B 无人战斗机还仅仅是作为美军探索新型空中作战平台的实验验证机，随着技术发展和完善，未来一定会有更加不凡的表现。

四、航空母舰与潜艇的“克星”——“暴风雪”鱼雷

“暴风雪”鱼雷，乌克兰液体力学研究所研制，俄罗斯生产，1997 年问世，2000 年进入西方军事专家视线。重 2.7 吨，直径 533 毫米，长度 8.2 米，有效射程 6.12 千米。由普通的鱼雷发射管发射，水中航速为 100 米/秒(200 海里/小时)，近乎小型飞机的速度，是世界上最快的鱼雷，可以在水下 400 米深处，攻击以 50 节航速航行的潜艇；可装载核弹头，具有极大的破坏力。这种鱼雷是利用“超空泡”技术，在鱼雷头部生成大量的空穴气泡，使得鱼雷被空穴气泡包围，雷体不和水直接接触，使其阻力大大减少，从而达到极高的航速。据透露，“暴风雪”鱼雷最初设计的目的就是让苏联具备声纳发现率极低的能在美国海军线导反潜鱼雷有效射程之外就能猎杀美国潜艇的能力。而按目前“暴风雪”鱼雷的发射速度和行进速度，在射程之内它已经足以能击穿大多数美国海军潜艇；如果装载上核弹头，其威力完全能够击毁包括航空母舰在内的任何水面舰艇和潜艇。所以一直被美军认为是可以带来巨大麻烦的武器。此外，法国、伊朗等国也开展了大量的研究并均取得成果。当然也有专家认为，牺牲射程而一味追求速度，使“暴风雪”鱼雷综合作战效能大打折扣。但从其创意以及问世后带来的效果看，仍难掩其在鱼雷领域革命性的光辉，代表了鱼雷技术的发展方向。

五、长空霹雳——最强“幽灵”轰炸机 B-2

B-2“幽灵”轰炸机是目前世界上最先进的战略轰炸机，也是唯一的大型隐

身和最贵的轰炸机。其隐身性能可与小型的F-117攻击机相比,而作战能力却与庞大的B-1B轰炸机类似。研制该机的构想始于1975年,1997年4月首批6架B-2A隐身轰炸机正式服役,美国国会共批准美国空军采购20架。加上研制费用,购买一架B-2A飞机超过20亿美元。B-2A轰炸机机身长21.03米,隐身性能出众,雷达反射截面不到0.1米^2,高5.18米,翼展52.43米,最大载弹量22680千克。在空中不加油的情况下,作战航程可达12000米,空中加油一次则可达18000米,每次执行任务,空中飞行时间不少于10小时,美国空军称其具有“全球到达”和“全球摧毁”能力。除卓越的隐身能力外,B-2A轰炸机还配有先进的相控阵雷达,共有21种工作模式,最突出的是合成孔径雷达工作模式和反合成孔径雷达模式,前者可清晰地获取161000米距离内地表的扫描图像,供对地面目标轰炸时使用;后者主要用于识别和捕捉海上目标,最远有效距离可达128000米。另外,还可让B-2A轰炸机使用地形匹配和地形规避技术,使其能贴地低空突入敌方空域遂行轰炸任务。B-2A轰炸机自服役以来,三次参加战争,战绩赫赫,在人类战争史上书写了沉重而震撼的一页。1999年3月24日,B-2轰炸机从美国怀特曼空军基地起飞,经过30小时空中连续飞行,两次空中加油,直抵南联盟并向目标投送了32枚908千克的直接攻击弹药;整个科索沃战争期间,B-2轰炸机飞行出动量共45个架次,不到战争中飞机总出动量的1%,投弹量却达到了总投弹量的11%,摧毁了近33%的目标;在阿富汗战争中,B-2轰炸机从本土起飞,经太平洋、东南亚和印度洋,对阿富汗空袭后再到迪岛降落,创造了连续飞行44小时的新纪录;在伊拉克战争中,B-2轰炸机出动49架次,其中27架次从本土起飞,22架次从海外基地起降,不论是远程奔袭,还是近距离突防,都取得了卓尔不群的战绩。

六、世纪之鹰——F-22“猛禽”战斗机

F-22“猛禽”战斗机1997年首次试飞,2005年服役,是21世纪初期第一种进入美国空军服役的第五代战斗机,也是目前世界上最先进、最昂贵的战斗机。机长18.92米,机高5.08米,空重14365千克,最大起飞质量38000千克,最大航程3219千米,最大飞行速度2410千米/小时(马赫数为2.25),作战半径759千米。目前现役F-22战斗机共187架。在设计上具备超声速巡航、超视距作战、高机动性、高隐身等特性,其作战能力是F-15战斗机的2~4倍。将在很长的一段时间里雄踞世界重型战斗机霸主之位。F-22战斗机参加过打击极端组织“伊斯兰国”和“呼罗珊集团”在叙利亚的多个目标,虽十分引人注目,却鲜有

战绩报道。这或许是因为“杀鸡用牛刀”，实在不值一提所致。F -22 战斗机强大的战力让很多国家垂涎三尺，并没有因其高昂的价格而望而却步，还是希望能采购 F-22 战斗机，日本就是典型。但美国至今仍坚决禁止出口。这是否也从一个侧面反映出它的先进性和物有所值呢！

七、隐者无敌——水下大杀器“喀山”号核潜艇

早在 2004 年，面对当时的财政困难，俄罗斯总统普京曾坚定表示：“即使把克里姆林宫卖了，也要造出新一代潜艇，因为这关系到俄罗斯的未来。”俄罗斯军工企业，没有辜负总统的重托，历经 10 年努力，2014 年普京所要的新型潜艇首艘 885 型“亚森”级核潜艇交付俄罗斯海军，这是冷战后俄罗斯建造的第四代攻击型核潜艇，也是俄罗斯海军最安静、能力最强的核潜艇，被称为恢复苏联时期水下核打击力量的重要里程碑。之后，又经过了一系列改进，885 型“亚森”级的第二艘“喀山”号核潜艇于 2017 年 3 月 31 日举行下水仪式，于 2018 年交付俄罗斯海军。“喀山”号也是首艘“亚森 M”级核潜艇，2009 年开工建造。该艇长 130 米，宽 13. 5 米，高 9. 8 米；排水量达到了 13600 多吨，水下航速超过 32 节，下潜深度达到了 600 米，静音能力达到 80 分贝。配备 8 单元多功能垂直发射系统，每个单元有 4 枚远程弹道导弹，可携带 24 枚“花岗岩”超声速反舰导弹或 32 枚“宝石”超声速巡航导弹，还可装备潜射“俱乐部”-S 导弹系统中的 3M-54E1 亚声速反舰导弹和 3M-54E 亚声速反舰导弹，射程达到了 5000 千米；装备 5 具 535 毫米鱼雷发射管。《今日俄罗斯》报道：俄罗斯计划于 2023 年前为本国海军建造 7 艘“亚森”级核潜艇，目前还有 4 艘处于不同的建造阶段。随着新型潜艇的陆续入役，俄罗斯现役的“阿库拉”级核潜艇将被逐步取代。专家指出：“喀山”号核潜艇装备先进的综合作战系统、现代通信系统和导弹系统，无论是电子装备，还是安静性、隐身性、机动性、综合作战能力，都堪与美国“海狼”级核潜艇相比或领先，是当今世界具备最强战力的核潜艇，代表了核潜艇发展的最先进水平，必将对未来海战产生深刻影响。

八、极速杀手——“锆石”高超声速反舰导弹

“它能一次击沉两艘价值 60 亿镑的新航母！”“它对英国舰队构成极大威胁！”这个曾经让英国媒体惊呼不已，甚至恐慌的“它”是谁？它就是俄罗斯最新研制的极速杀手——“锆石”高超声速反舰导弹。高超声速导弹也称“驭波”武器，是指飞行速度达到马赫数 5 以上，导弹射程约 400 千米，能够承担全球快速

部署和远程精确打击任务，并可以在未来空天战场作为低成本反卫星手段的先进武器装备。其特点是飞行速度快，飞行轨迹复杂且不易判断，堪称反导防御系统的“克星”。2017 年 4 月，俄媒体称，新型“锆石”高超声速反舰导弹又一次成功进行了试射，而且在试射中达到了 8 倍声速，这一飞行速度是任何反导防御系统都无法拦截的！俄罗斯国防部官方网站称：“锆石”导弹于 2018 年批量生产并列装部队，最先考虑的是装备在“彼得大帝”号和“纳希莫夫海军上将”号重型核导弹巡洋舰上。随着高超声速导弹技术的发展，一个“发现即摧毁”，真正改变战争态势和游戏规则的时代已经到来。面对“锆石”，美国显然比英国要镇静得多。但在大洋游弋的航空母舰，是否还像从前那样高枕无忧、肆无忌惮，恐怕只有航空母舰上的官兵自己清楚了！当然美国也是这一领域研究屈指可数的顶尖者。

九、隐秘攻击——病毒武器

是谁，从何地方，什么时间向我发起进攻，让我指挥系统失灵？又是谁以我的名义命令我的 A 团向我的 B 团发起强攻？我的 C 团怎么向我的指挥所开炮！什么，简直乱成一团麻！不，我的指挥所全然成了一群热锅上的蚂蚁！这是科幻小说未来战争的开篇吗？不，当 2017 年 5 月 12 日，全世界从一梦惊魂中醒来后，地球上的人都明白了，这不是小说，而是明天真真切切可能发生的一幕！病毒武器进攻！让我们把日历再翻回到 2017 年 5 月 12 日，这一天原本没有什么不同，但这一天却因一款病毒的出现举世震惊。这一天，在没有任何征兆的情况下，全球突发比特币病毒狂袭公共和商业系统事件。美国、英国、意大利、俄罗斯等全球 150 多个国家的 10 多万家机构遭到“永恒之蓝”勒索病毒入侵，24 万台安装 Windows 操作系统的计算机感染病毒；英国近 40 家医院遭到大范围网络黑客攻击，这些医院的所有 IT 系统、电话系统和患者管理系统统统暂停，医院根本无法接听来电，候诊的急症病人根据医生建议转移到其他地方，至少一家医院关闭。据英国媒体报道，受到攻击的计算机显示，黑客每台计算机索要 300 美元的赎金，如果用户不支付，计算机中的全部资料将被删除，黑客同时还警告：金额在 3 日后翻倍！更为可怕的是，祸不单行。正当人们余悸未消、惊魂未定之时，一个月后的 6 月 27 日，一种新的勒索病毒又蔓延全球 60 多个国家，导致包括孟买和洛杉矶在内的许多港口中断作业，澳大利亚一家巧克力工厂暂时停产，丹麦航运巨头马士基航运集团的货物订舱系统关闭，使该公司在全球运营的 76 个港口中有一部分发生堵塞。美国风险模型企业西恩斯公司初步评估，这两轮病毒攻击造成的经济损失可能高达80亿美元。

这显然是世界范围内赤裸裸的绑架和勒索,但又兵不血刃、没有刀光剑影,却足以让人胆战心惊。这是一次没有隆隆炮声和战火的恐怖行动,却足以让整个世界风声鹤唳、草木皆兵。这就是无形杀手——病毒武器的威力！但敌人是谁？敌人在哪里？至今没有答案。但可以肯定的是,这也就是些少数不法分子为利所为,连“游击队”都算不上,绝不可能是各国正规的黑客部队,而应深深思考的是:面对几万人甚至十几万人的黑客部队,该有什么的病毒武器,未来应该怎样战斗。

十、信息战终结者——高能脉冲武器

电磁脉冲是短暂瞬变的现象,以空间辐射的传播形式,透过电磁波,对电子、信息、光电、微波等设施造成破坏,使电子设备半导体绝缘层或集成电路烧坏或永久损坏。电磁脉冲武器是将电磁频谱能量集中投射的一种武器系统,其特点是投向目标的能量密度很高;可由直接照射及耦合侵入的热能累积效应造成目标物损坏,并对微小同频段造成严重干扰;攻击速度为光速,从发射到击中目标所需时间极短,命中率高,无质量故障,不存在弹道等问题。对电子信息系统、指挥控制系统和网络信息系统的打击是毁灭性的。被公认为21世纪规模最大的破坏性武器,也有第二原子弹之称。美国海军作战部长拉夫·黑德上将曾说:“这种电磁脉冲炸弹是革命性的作战武器”“绝不能让美军错过了这种武器”。早在2012年,波音公司曾在一次长约1小时的飞行中对该武器进行试验,成功使整个军营的计算机陷入瘫痪状态。在波音公司进行的试验中,导弹低地飞过犹他测试与训练场上方,向7个目标发射了电磁脉冲弹,结果永久摧毁了它们的电子系统。波音公司表示,这次测试已经成功到没有办法用摄像机进行记录。近年美国空军也曾高调宣布,他们已经掌握了该项先进技术,并可以配合隐身联合空地防区外导弹(JASSM)一起展开部署,而反电子设备高功率微波先进导弹工程(CHAMP)将成为一种改变战争面貌的远射武器,持续进行投入和研发。实际上,电磁脉冲武器在20世纪就已经诞生并用于实战:1999年,美国在对南联盟的轰炸中,使用尚在实验中的微波武器,造成了南联盟部分地区通信设施瘫痪3个多小时;2003年伊拉克战争,美军用电磁脉冲弹空袭伊拉克国家电视台,造成其转播信号中断。目前,除美国外,俄罗斯、英国、法国、德国、日本等军事强国也都在积极进行电磁脉冲武器的开发,并正在走向实战化阶段。未来战争是基于信息系统的体系作战,信息系统瞬间瘫痪,那样的战争还如何继续,还真是让今天的军事家们不得而知。但随着高性能电磁脉冲技术的迅速发展,这又是一个军事家们不得不面对的现实难题。没有悬念的是:下一场战争,一定是电磁脉冲武器首先爆响。

十一、结论与启示

岁月不居,时节如流,大浪淘沙。武器装备是为战而建,但其最终目的是为和平。要和平,不要战争,这是人类千百来的愿望。捍卫这一崇高理想的是武器装备,摧毁这一美好愿望的也是武器装备。对于人类来说,武器装备就是这样一个正义与邪恶的“对立统一体”,其发展让人充满期待,也让人噤若寒蝉、矛盾顿生。谁都明白武器是用来“杀人”的,谁又都觉得迫不得已。如果把这些庞大的经费、智慧用于提高人类的生活质量和环境的改善,世界将会多么美好!发人深省、值得反思的是,在这场无止境的激烈角逐中,最脆弱的不是小国、弱国,而是强国;是强国担心被赶上、被超越,引发了一轮又一轮的军备竞赛;这与其说是社会的发展规律,还不如说是强盗的逻辑。社会上富人不见得比穷人过得舒坦,也许揭示的就是这个道理;但愿百年之后,面对这些武器装备,人们能欣赏到深含其中的科技、智慧,分享所带来的福祉,而不是对经过战争检验的毁伤效果的震惊!

第九章　21世纪引领和对装备建设产生重要影响的军事战略和作战概念

装备建设从本质上说是为战争服务的,是战争的物质基础。国内外装备建设的实践充分表明:坚持作战需求牵引,按照"明天打什么样的仗,今天就发展什么样的装备"的思路开展装备建设,既是装备建设必须遵循的原则,也是实现装备建设科学性、针对性、前瞻性的重要保证和根本途径。"明天的仗怎么打?"军事家们在思考,也在设想,取得了许多丰硕的成果。升华到国家的高度,形成了指导军队建设发展的军事战略;具体到作战层面上,结晶出许多新的"作战概念",融入新军事变革的滚滚浪潮,引领和推动着世界各国的军队建设。美国当仁不让地站在了排头兵的位置,其咄咄逼人的一个又一个的军事战略,先进大胆的作战理念和构想,既为军队建设注入了新的活力,也对装备建设产生重大影响和引领作用。值得认真解读、研究和借鉴。

一、美军的三次"抵消战略"及对装备建设的影响

"抵消战略"是美国国防部在冷战时期的一个术语,意指美军利用军事技术优势抵消对手数量优势的战略。旨在通过技术创新发展,运用非对称手段对对手优势实施抵消,增加对手军力发展成本,特别是全面破解对手"反进入/区域拒止"能力以确保美国在大国军事竞争中占据绝对优势。其主要宗旨是在国家战略框架下统筹军事和经济力量的国防创新发展,形成军事技术的优势。第二次世界大战结束以来,美军共制定了三次"抵消战略"。第一次是1953年,主要是针对苏联,美军提出了以核技术优势"抵消"苏联常规军力优势的"新面貌"战略。在此战略指导下,美国大力发展了一批以核攻击、核报复为主的武器装备,旨在增加核遏制、核威慑的能力,从而在美苏间掀起了一轮前所未有的核竞赛,致使两国拥有的核弹头数量能够将地球毁灭几次,一时间地球上黑云笼罩、阴森密布。第二次是20世纪70年代中期,提出了以精确打击技术为龙头,以信息技术为核心的"抵消战略";在此战略指导下,美国充分利用高新技术,特别是信息

技术的优势，在全球范围掀起了一场新军事变革的浪潮。发展以高新技术为主要特征的信息化装备，建设信息化军队，质量建军，成为各国军队建设的潮流和“时尚”。“第三次抵消战略”，发起于2014年，主要是针对中、俄军事能力的日益增强，特别是中国“反介入/区域拒止”能力的明显提升，基于强大的创新动力和大量颠覆性技术的出现，美军提出了“第三次抵消战略”，并明确驱动此轮“抵消战略”的五个关键技术领域：自主学习能力的机器、人机协作、人类作战行动辅助系统、先进有人无人/作战编组、针对网络（攻击）和电子战环境进行加固的网络自主武器等，在此战略指导下，无人化、智能化、自主无人系统，高毁伤、高效能、高速度等新型、新概念武器装备纷纷粉墨登场，迅速形成了一种新质作战力量；以此掀起了发展颠覆性军事技术，研制颠覆性武器装备，塑造颠覆性未来战争的新浪潮。

综合以上分析，可以看出：美国的三次“抵消战略”，都是基于国家威胁、在国际战略格局发生重大变化，特别是战略对手的变化而变化的，有鲜明的时代性、务实性、针对性；充分体现了依靠科技进步，以科技发展成果、潜力为“战略”制定的内涵和支撑，通过调整武器装备发展思路和推动武器装备发展，实现军事竞争力质的跃升的本质规律。意志十分坚定，路线非常清晰，目标特别明确。充分体现了走“战略是引领，技术是核心，装备是结果，能力是目标”的装备发展之路的核心内涵；充分说明了装备建设必须以战略为指导，战略是方针，基于战略指导下的作战概念创新是装备建设的直接牵引，装备建设必须紧跟作战概念创新的步伐，与作战概念创新相适应，才能相得益彰，不断迈入新的阶段，适应新的战争。

二、经过战争检验为世界军事变革注入活力的作战概念

20世纪70年代后是高新技术开始迅猛发展的时代，也是军事变革风起云涌、一浪高过一浪的年代。而成为这场军事变革中最活跃、最积极因素的，无疑是高新技术催生下作战概念的创新和发展。它们在高新技术的发展中破蛹而出，又在高新技术条件下的局部战争中一展身手。战争的实践和检验，为它们涂上了光鲜的时代色彩，让它们名声大振，也奠定了它们在军事史和军队建设、装备发展中的突出地位和作用。

（一）“空地一体战”作战概念

“空地一体战”作战概念是美军1982年版《作战纲要》中正式颁布的。概念的内涵是在战场全纵深内，综合运用陆、海、空军等各种作战力量和战法，打击并

击败敌人的作战。其核心是要把军而不是师作为战场上的主要作战单位,把“纵深攻击”作为制胜的关键,要求实施纵深攻击部队快速越过己方的前锋线并向敌纵深突进,与选定的敌人交战,在运动中摧毁敌方后续梯队。同时,由于在敌人后方地域进行作战存在着风险,“空地一体战”要求必须与空军充分协调统一,由空军实施战场空中遮断和进攻性空中支持等;“空地一体战”作战概念提出时针对的主要作战对象是奉行“大纵深作战”理论的苏联军队,但后来随着苏联的解体,却在1991年的海湾战争中首次进行了实战检验。战争中,以美国为首的联军,运用空中优势和信息优势,首先夺取了伊拉克全国的制空权、制电磁权,然后用轰炸机、攻击机对指挥所、通信中枢、政府大楼、海军基地等重要设施和重点目标进行外科手术式空中打击,经过38天空袭后,多国地面部队长驱直入,仅仅100小时,就迫使伊拉克接受全部条件结束战斗。据统计,整个战争盟军直接战斗死亡还不到250人。战争之速、战法之新、战绩之显赫,被作为“空地一体战”的成功范例载入史册。“空地一体战”无疑对美军的装备建设产生了重大影响,极大地推动了美军装备的现代化建设步伐。海湾战争后,一大批信息化的武器装备应运而生或开展立项研制,为下一场真正意义的信息化战争奠定了装备基础,也为面对21世纪挑战,正处于茫然中的世界各国军队建设的转型拉开了序幕。

(二)“网络中心战”作战概念

“网络中心战”作战概念是美国海军1997年提出,后来逐渐发展成为美国陆、海、空三军普遍接受的作战理论,2001年美国国防部正式将这一思想理念写进国防政策报告,后经不断丰富和完善,其定义也在不断变化。但其核心内涵和理念是不变的,即通过全球信息网络,将分散配置的作战要素集成为网络作战指挥体系、作战力量体系和作战保障体系,实现各作战要素间战场态势感知共享,把信息优势最大限度地转变为决策优势和行动优势,充分发挥整体作战效能。学者们普遍认为,“网络中心战”这一概念之所以能从众多创新性作战理论中脱颖而出,引起世界各国的广泛关注,其主要原因是它最直观、最准确地反映了信息时代信息化战争的表象特征;“网络中心战”作战概念在阿富汗战争中进行了尝试,取得了较好效果;之后,在2003年的伊拉克战争中更得到了淋漓尽致的发挥。在这场战争中,美军借助于灵敏高效的数据网络,将情报收集、指挥控制、火力打击三大系统融为一体,实现了从侦察发现目标,形成作战指令、摧毁目标的极小时差,几乎接近实时;创造了在伊拉克10万共和国卫队未损一兵一卒的情况下,美军如入无人之境,大胆挺进巴格达,并取得出人意料的战果,让世界各国的军事家们都大跌眼镜。战后军事家们在总结和回顾时,都一致认为伊拉克战争实质上就是典型的“网络中心战”,是美军“网络中心战”的一次成功实践,其影响是深远的,对装备建设的推动是巨大的,具有里程碑式的标志性、革命性的意义;特别是直接推动了对构成网络中心战作战体系的战场感知、数据链、信息传输、敌我识别、导航定位、电视会议、数字地球、模拟仿真、数据库九大核心系统的建设和相关领域技术的发展,对于形成信息化的战场态势,构建信息化的装备体系,加深对信息化战争的认知,加速世界各国军队的信息化建设步伐,都具有极大促进作用。当然随着时间的推移,“网络中心战”这一概念也逐步显露出一些时代的局限性,正在被一些新的作战概念所代替。但其网络化作战的思维,依托网络资源,将信息优势转变为决策优势和行动优势、进而形成战场优势,信息力即战斗力等核心理念,不仅对现代的信息化战争,而且对未来的无人化、智能化战争,以及装备的发展,都具有现实和长远的指导意义;其在军队转型建设的突出地位和深刻影响是永远不会磨灭的。

三、正在和将要对装备建设产生影响的作战概念

以作战概念引领装备发展,以装备发展推动作战概念创新,再以创新的作战概念构建创新的装备发展思路,如此循环递进、螺旋上升,既是美军现代化建设的一个突出特点,也是美军转型建设持续保持活力和不断创新的源泉。进入21世纪以来,随着科学技术的迅猛发展,美军更加重视作战概念创新,不断推陈出新,提出了许多创新性、实践性很强的作战概念,对装备建设产生了广泛而深刻的影响。探寻和了解美军典型作战概念及其对装备发展的影响,对各国的装备建设都具有直接的启示和借鉴意义。

(一)“分布式杀伤”作战概念

“分布式杀伤”作战概念是美国海军战争学院于2014年根据涉海战斗舰编队对海上、陆上目标打击的兵棋推演,针对水面舰艇反舰能力不足提出的。其内涵是增加单舰的进攻和防御能力,在广阔的海域以分散的编队部署、生成分布式火力,达到“兵力集中实现火力集中”向“兵力分散实现火力集中”转变。通俗地说,就是将打击武器分散部署于各种武器平台,包括补给船、运输船、两栖舰等辅助舰艇,以及各种无人平台;而不再集中于航空母舰和舰载机,通过打击火力的分散配置,增加进攻性打击能力和对手定位己方目标的难度,使敌方 C^4ISR 能力饱和,无法对己方所有打击平台进行持续有效的侦察、跟踪和监视,从而增强己方平台的防御能力。按照这一概念,所有战斗和非战斗舰艇都将装备进攻性导

弹,成为攻防一体的作战单元。作战时各平台从四面八方“万舰齐射”,致使敌方没有“招架”之力。2016 年 1 月,美国海军“保罗·琼斯”号导弹驱逐舰发射“标准”-6 导弹,击沉了一艘距离 370 千米的退役“佩里”级导弹护卫舰。研制“标准”系列导弹的雷声公司称,此次测试的目的就是验证“分布式杀伤”作战概念。可见这一概念已经在美军形成共识并开始进入实践。随着这一概念的实施,美国海军的装备体系将产生深刻变化,其中发展超视距反舰导弹和组网交战能力将成为关键因素和重点。据透露,目前美军正在为“一体化防空火控”系统(NIFC-CA)扩展新型机载传感器和新式武器。近期的目标是 F-35 的射频传感器与反舰型“标准”-6 导弹纳入 NIFC-CA。基于“分布式杀伤”作战概念,未来高性能大型武器平台已不再是战胜对手的唯一途径,而将打击武器分散配置在多个能够协同、可互操作的有人和无人平台上,无疑将成为美军武器装备体系发展的趋势。英国《简氏防务周刊》2017 年 7 月 10 日报道,美国海军 10 日公布了对未来取代濒海战斗舰(LCS)的护卫舰的要求,根据这份建议征询书,美国海军希望,导弹护卫舰(代号为 FFG[X])未来将作为“配合战舰和舰队指挥官的资产,帮助他们实现制海目标,执行海上安全行动,以及协助所有区域内的战斗群和联合行动”。征询书虽然没有强调,这一重大调整与“分布式杀伤”作战概念之间的关系,但明眼人一看便可以肯定,这就是对“分布式杀伤”概念的响应。

（二）“多域战”作战概念

2016 年 11 月,美国陆军训练与条令司令部发布新版《陆军条令出版物 3-0 作战》,正式将“多域战”列入其中,标志着美军联合作战思想的重大转变。它的显著变化是突出了陆军在“联合作战”中的地位,而不再是空军、海军等其他军种的“援助对象”。其核心要求是,美国陆军要具有灵活性和弹性的力量编成,能够将作战力量从传统的陆地和空中,拓展到海洋、太空、网络、电磁等其他作战域,为联合部队提供对空、对海、对天、对网和电磁空间的跨域打击能力;彻底从联合作战的边缘化中走向舞台中心,从“配角”变成“主角”;这与其说是提出了一个作战概念,还不如说是对美国陆军“脱胎换骨”式的重塑,其影响是全面和深远的。而首当其冲的还是对装备体系的要求和变化。按这一概念,美国陆军必须成为一个“多面手”,为此必须对现有的装备进行改造和升级:一是要发展反舰作战能力,使其具备打击移动目标的能力,这就要求对目前的陆军战术导弹系统进行升级;二是发展新型“远程精确”打击导弹,填补陆军 300~500 千米火力打击空白,提升陆军在“多域战”中的远程精确打击能力;三是加强机动近程防空能力,使作战单元在前线面临空中威胁时具备独立防空作战能力。目前,美军是将“毒刺”防空导弹安装在“悍马”战车上,未来将考虑将其安装在“斯特赖克”和“布莱德列”装甲车上,以使其具备更强的机动性和防护能力。

(三)“作战云”与“云作战”作战概念

“作战云”是2012年美国空军提出的,简要地说就是利用“云”的作战网络,实现陆、海、空、天多维作战平台的数据高度共享,极大地提高整个作战体系的效能。其内涵是构建以全球栅格化信息网络为基础,高信息融合作战平台为载体,远程精确硬打击与网络电磁软杀伤武器为拳头,任务分布式指控流程为“核心”的“云”作战网络平台;“云作战”是网络时代的全新作战样式,是指将所有分散的相关作战资源迅速、灵活地聚焦于一个或多个目标实施攻击或防御,并在作战任务完成后消散无形的作战行为。空天领域“云作战”,就是利用“作战云”将以“空中、天基、网电、远导、无人”为代表的全局多维作战能力集成到一个有机整体,进行“五位一体”的跨域界垂直贯顶式打击。2014年9月23日,美国空军F-22猛禽战斗机首次率领联合空袭机群,对叙利亚境内的“伊斯兰国”极端组织目标实施空袭作战,标志着美国空军已开始将“云作战”概念用于实战验证,一个“云作战”时代已经到来。“云作战”本质是融合,将彻底改变装备以型号为中心、以军种装备体系为主线的发展模式和发展思路。突出变化是作战飞机向模块化方向发展,通过不同的任务载荷实现一机多用,使传统单一功能的作战平台,变成“云”端的传感/攻击节点,既是“云”中的“分布系统,又能承担侦察探测、对地攻击、空中拦截、电子对抗等多样化任务;同时,作战平台向高度人工智能化方向发展,将出现无人机与有人机在“云”端的混合编队与联合作战,从而进一步促进装备的“平台无人化、体系无形化”。

(四)“应对导弹齐射攻击”作战概念

“应对导弹齐射攻击”作战概念是美国战略与预算评估中心2016年5月发布的《赢得齐射竞争:再平衡美国的防空反导能力》报告中,提出的美国应对未来大规模导弹攻击的思路和举措。其核心思想是,目前美军的防空反导从理念上和实际做法上都不足以应对大规模导弹的饱和攻击。面对其他国家精确打击武器的发展和日益严峻的威胁,美国必须转变观念,找到新的方法和技术,有效应对导弹的齐射攻击,切实提高前沿基地和航空母舰等海上作战力量的生存能力。专家们普遍认为,美国应对导弹齐射概念的发展,必将极大推动美国中近程防空反导系统、定向能防御系统和主动防御系统的快速发展。与之相配套的武器装备主要有:低成本的采用主动导引头和其他技术、能够增强应对齐射能力的新型近程(9 千米以内)和中程(18.5~55.5 千米)防空反导拦截弹;除发展新型动能拦截系统外,美军还考虑发展非动能的防御装备,如固体激光器、高功率微波武器等;同时,更重要的是,美军认为必须发展更加智能化的,能迅速做出威胁评估,及时确定打击目标,并自动分配是适合动能,还是适合非动能拦截手段来拦截来袭目标的作战管理与火控系统,从整体上提高系统的拦截效率和防御能力。

四、结论与启示

世界军事强国,特别是美国在装备建设中,注重战略指导、作战概念引领的发展实践充分表明,战略指导、作战牵引、技术推动是装备发展的根本遵循,更是装备建设科学性、针对性、前瞻性的重要保证。装备建设必须审时度势,坚持军事战略指导,才能在国际战略格局的不断调整、变化中占据主动,才能与国家的安全需要相适应,与时代的发展要求相适应;必须坚持作战牵引、技术推动,瞄准明天的战场,打赢未来的战争,发展今天的装备。强国这样,相对落后的国家更应如此。而进行作战概念创新,并运用这些概念引领装备发展,则是贯彻这一原则的重要途径。

第十章　协同创新及主要国家开展国防科技协同创新的做法

国防科技创新是武器装备建设发展的重要支撑,是武器装备建设快速发展的技术基础;如何实现国防科技创新是一个组织管理的方法和模式问题,也是一个长期而紧迫的现实课题。国防科技创新的方法和模式有很多,国内外都积累了很多成熟的做法和成功经验,但在科学技术进入"指数时代"迅猛发展大挑战的背景下,最具活力、最具潜力、能代表当前发展趋势的是国防科技"协同创新",因而深入研究新形势下国防科技的协同创新问题,构建适合科学发展规律和时代特点的协同创新机制,对于推动国防科技创新,进而促进装备建设科学性、针对性、前瞻性发展,具有重大而深远的意义。

一、国防科技协同创新的内涵

协同:各方相互配合或甲方配合乙方做某事。创新:抛开旧的,创造新的。协同创新则是指两个或两个以上的行为主体,互相配合共同从事创造新事物的活动。百度百科释义:协同创新是以知识增值为核心,企业、政府、知识生产机构和中介机构等为了实现重大科技创新而开展的大跨度整合的创新模式,协同创新是通过国家意志的引导和机制安排,促进企业、大学、研发机构发挥各自的能力优势,整合互补性资源,实现各方的优势互补,加速技术推广应用和产业化,协作开展产业技术创新和科技成果产业化活动,是当今科技创新的新范式。其概念是指创新资源和要素有效汇聚,通过突破创新主体间的壁垒,充分释放彼此间"人才、资本、信息、技术"等创新活力而实现深度合作。由此我们可以引申,国防科技协同创新就是指各方相互配合共同围绕国防科技开展的创新活动,是一种科研组织形式,或称作模式。从词义上看它只是一个简单的概念,但从实践上讲它却有着丰富的内涵。它是科技发展到一定阶段的产物,是当代科技各学科间交叉、融合、渗透发展的必然要求;是激发国防科技创新的强大动力,是实现国防科技创新取得重大突破、重大成果的有效途径。协同创新应由以下要素构成:

（一）应有明确清晰的目标

它应有明确清晰的目标，即国防科技某一领域的重大、重点项目，或某一装备研制中的难点、焦点和亟待解决的问题。这些问题的解决将对国防科技创新起重大推动作用，促进装备发展站上一个新的台阶。也就是说，开展国防科技协同创新，必须要进行战略筹划，搞好顶层设计，确定好方向重点，形成创新体系。

（二）责任主体多元

它应有至少两个以上的责任主体。国防科技协同创新的项目是单靠某一单位无法或难以完成的，必须多方调动资源进行联合攻关。因此，开展国防科技协同创新必须有两个或两个以上的责任主体。必须围绕目标选择好协同单位，确实筛选出优势单位，通过优势互补、强强联合，实现“1+1>2”的效果。

（三）高效灵活的机制

它应有能充分调动各方积极性的办法或机制，具有将人才、资本、信息、技术迅速组织起来，并高效运转的能力。必须建立“平等开放、互惠互利”的合作共赢机制。责任主体单位要有海纳百川的胸怀，站在国家、民族、科技发展的高度，科学组织协同单位一道跳出单位利益的藩篱，共享资源，目标一致，合力攻关。

科技发展到今天，各专业学科交叉、融合、渗透日益加深，单靠某一领域的某一专家或团队，已很难取得突破和重大进展，创新越来越依赖于多领域知识之间的融合，因而协同创新问题越来越受到各国的重视，纷纷把其作为推进国家创新的重要抓手，上升到国家发展战略的高度来统筹谋划。为促进中俄两国间的协同创新，2014 年 10 月 26 日，以“协同创新共享机遇”为主题的浦江创新论坛在上海开幕。国家主席习近平和俄罗斯总统普京分别致信祝贺，既表明了两国最高领导人对国家创新发展理念的高度重视，也标志着协同创新开始由理论走向实践，由国内走向国际。时至今日，协同创新已经不只是一种理念，一种思维，一种模式，而是一门新兴的学科。谁掌握了协同创新的精髓并善于在创新活动中加以充分运用，谁就掌握了开启科技宝库的金钥匙，谁就能攀上科技的最高峰。

二、国外开展国防科技协同创新的主要做法

世界各国兴衰的历史都一再表明，强大的国家都有一个强大的科技，而强大的科技需要有一个充满活力的机制。国防科技更是如此，必须有一个面向新军事革命需求、领军世界科技前沿、紧跟世界军事科技发展步伐的国防科技创新机制，而协同创新是这一机制最充满活力的因素。美国、英国、俄罗斯等国通过军方、军工部门和军工企业的调整改革，以及军政部门间和企业间的合作，开启军、

民用技术和资源双向转移之门,实现了国防建设与经济发展的良性互动和资源的充分利用,为国防科技协同创新提供了强大引擎。

（一）建立国防科技协同创新技术平台,促进跨界交流与协同创新

军方搭台,企业唱戏;军队主导,政府参与。已成为各国协同创新的一种典型做法。俄罗斯自2008年金融危机后,对国防科技创新高度重视,并把协同创新作为重要抓手,建立了多类国家科技创新平台或机制,为国防科技领域的创新活动提供计划目标和支撑平台。自2011年以来,俄罗斯已建立了含教学机构、超大型和个体生产企业、社会联盟等不同主体参与的35个技术平台,通过将国家科技规划与技术平台联结,将跨行业的兴趣相同方和利益相关者联系到一起协同开展创新活动,促进大型企业与技术平台合作,推动高水平国防科技创新团队的组建,目前,技术平台已与60家国有股份的大型企业在创新项目上开展了合作,有效促进了国防科技的创新发展。

（二）加强国防科技协同创新战略统筹,为协同创新活动提供强大动力和良好环境

协同创新关键在于协同,而协同的关键在于统筹。为此,美国专门制定了"信赖21"战略规划框架。采用跨部门协调规划机制,对全军科技工作统筹进行战略规划。基于"利益共同体"工作模式,把国防部、军种领导、管理人员、学科专家集合在一起,在同一个跨部门的协作研讨平台上,协调整个国防科技战略,分享国防科技创新理念、技术方向和技术机会,评估各技术领域进展,共同编制与综合评审相关学科规划,研讨和制定全军科技发展战略规划,制定机密和非机密的技术投资路线图,并提出国防科技发展政策和措施。使协同方从源头开始就积极参与,了解项目背景并形成共同目标,并将热情与力量始终如一地投入到全过程当中,极大增强了各参加方的责任感。

（三）举办灵活多样务实开放的创新活动,为更多单位创造参与国防科技协同创新的机会

由于国防科技创新所特有的巨大效益,哪个国家都不乏参加国防科技创新的企业和机构,而缺少的恰恰是公平、平等参与的机会,以及发现和选拔优质资源的机制。为广泛调动创新资源,激发全社会创新潜力,充分展示军方创新需求,形成协同创新的活力,许多国家都不遗余力,通过举办各类挑战赛、演示日、行业日、虚拟提案日、"战略技术"广泛机构公告日等五花八门、种类繁多、内容丰富、务实的活动,宣传军方的成果,展示军方的需求,吸引社会的热情,激发社会的创新潜力,聚集创新力量;甚至直接吸纳社会的创新成果,加速先进技术成

果向军事领域的转化，取得显著成效。既展现了各国先进的科技管理理念，也体现了各国对协同创新的高度重视，已成为推动国防科技创新的一种主要样式。比较成功的案例有：DAPRA 举办的“无人车辆”和“机器人”挑战赛，NASA 举办的“太空机器人挑战赛”备战火星之旅等，通过这些活动，使军方快速了解该领域最有潜力的企业和最先进技术的产品，目前已经成为一个品牌活动和美国众多实力企业进军军事领域的重要途径；而“战略技术”广泛机构公告、虚拟提案日，则是社会了解军方需求和军方征集最佳解决方案的重要窗口，为推动协同创新的深入持续发展创造机会、机遇做出了重大而直接的贡献，值得借鉴。

（四）强化与高新技术企业的协同创新，加速成熟技术向军事领域的转移

高新技术园区是高新技术的发源地，出于商业目的和利益驱使，最先进的技术往往发端于此。善于发现、甄别、捕捉这些可以为国防所用的企业和技术，既是军方的责任，也是国防科技开展协同创新的前提。为此美国从 2015 年开始探索创建“国防创新实验小组”（DIUX），主要任务就是采用市场化的模式，在初创企业与全美创新生态系统内的商业技术公司之间搭建桥梁，帮助国防部尽快地采用满足于军事需求的先进技术，利用商业创新力量，保持军事技术优势。目前，美国国防部已在硅谷、波士顿和奥斯汀等多个高新园区设立了办公室，划拨专项预算，直接对国防部长负责，以减少程序，提高效率。据透露，国防部后续还要在辛辛那提和西雅图等地建立多个类似的创新中心，这说明这种模式适应了当前竞争的大环境并取得了预期效果。

（五）与发达国家合作

通过与发达国家开展合作，成为中小国家推进国防科技协同创新的一种趋势。瑞典安全与防务协会在其官方网站发表题为《国防技术创新——瑞典团队安全研究》报告，明确提出要抓住美国实施“第三次抵消战略”的机会，从瑞典多家本土企业及其研发的具有国防应用前景的新型技术和产品着手，为美国提供知识和技术帮助。报告认为，跨大西洋的紧密联系和技术转移已经成为瑞典国防工业不可或缺的组成部分，在过去数十年里瑞典得到了美国在该地区的强有力支持，正是由于与美国的合作，瑞典拥有了先进的国防工业基础，能够设计和生产出先进的潜艇、雷达系统和战斗机。因此在第四次工业革命相关的技术领域，如人工智能、机器人、大数据和物联网等，也必须进一步与其进行深入合作，才能继续保持这种优势和发展势头。

三、探讨国防科技协同创新的模式

国防科技协同创新涉及学科领域和责任主体众多，是一个复杂的系统工程。但归根结底，协同创新是要通过创新资源的最大发挥和高效利用完成创新目的，

其考虑问题的基点必须紧紧围绕这一点。

（一）利用网络平台

充分利用网络社会的网络便利、网络资源，构建基于网络平台的跨域协同创新模式。就是项目主体单位确定后，由主体单位进行任务分解，确定工作目标，筛选协同单位，明确任务分工，建立工作机制，利用网络平台，开展基于网络的分布式联合科研。其最大的好处是，可以实现资源共享，节约创新成本，提高科研效率。缺陷是，对保密程度要求高的项目不适用。

（二）倡导强强联合

充分利用国防科技具有的高端性、前沿性特点，构建基于强强联合的合作协同创新模式。国防科技项目一般都属于高、精、尖的范畴，特别是一些重点、重大项目涉及的科技创新，难度大，挑战性强，项目本身对于有实力的科研单位极具吸引力，要迅速取得突破，主管部门必须加强组织，采取强强联合的模式，进行协同创新，实现资源的最佳配置和优势互补，充分挖掘协同单位的潜力；使各领域创新协调推进，相互促进，齐头并进。

（三）进行科研力量重组

充分利用学科交叉、渗透、融合迅速的时代特点，构建基于整合相同相近科研机构开展一体化科研的协同创新模式。各学科交叉、渗透、融合迅速发展的趋势，正强烈冲击着传统学科，促成了一些交叉科学、新兴学科的诞生。对传统的科研布局、科研领域划分也带来巨大影响。单靠某一学科的知识、专业力量进行创新，都显得力不从心。而必须对原有的科研力量按照协同创新的理念，聚集使命任务的科研主攻领域，进行整合和重新布局，使协同创新根置于优化的、一体化的科研布局中。

（四）开展军地协同创新

充分利用军地双方的优质科技资源，构建基于军地协同创新模式。国防建设是国家建设的重要组成部分，但因其本身的保密、尖端等特殊属性，致使国防科技与社会科技形成了各自独立、二元分离的封闭体系。冷战结束以来，随着经济全球化的发展，一些高新技术如通信、电子、新材料、新动力等前沿技术，在巨大的经济利益推动下，常常发端于民用领域，在一些领域国防科技创新滞后于民用领域。构建基于军地协同的国防创新不仅迫在眉睫，而且是实现国防科技创新发展的必然选择。

（五）创建新型研发机构

新型研发机构是指以产业技术创新为主要任务，多元化投资、市场化运行、现代化管理且具有可持续发展能力的科研实体。新型研发机构是加快创新驱动发展的重要生力军,是适应科技快速发展、新学科、新技术不断涌现的重要途径,是推动科技协同创新的重要载体和平台。国防科技协同创新必须重视和培育发展新型研发机构建设,以装备建设需求为牵引,聚焦国防科技创新的新兴领域,汇集和培养高端人才,引进和吸纳优秀团队带成果、带技术、带资本创建新型研发机构;推进技术、人才、资本、服务一体化;通过体制机制创新,引导新型研发机构聚焦科学研究、技术创新和研发服务,不断开创国防科技协同创新新局面。

四、结论与启示

随着科学技术的迅猛发展,创新的难度和挑战越来越大,以往单打独斗的科研模式已不能适应当前科技创新的发展需要。一种新的集团作战、兵团作战的科研理念应运而生,而且成为一种必然趋势。而在这种新的攻关模式中,实现各要素、各环节的协同就变得十分重要。协同创新已由一种理念走向实践,经过近年来的实践探索、总结,目前正上升为理论,如何构建高效、灵活、快速的协同创新机制,成为摆在科研管理领域的一道急需破解和研究的现实难题。注意到这一点并有效破解它,就能最大程度地发挥国家科技创新资源的集成优势,就会站上科技创新的制高点,开辟出国防科技新的未来。

第十一章　21 世纪局部战争中横空出世、声名鹊起的几种新型装备

武器装备的价值在于赢得战争,战争是它们的灵魂和生命。战争是对它们价值最好的检验和证明。它们因战争而生,也在战争中得到光荣;它们是战争的终结者,也在战争中凤凰涅槃,浴火重生。具有科学性、针对性、前瞻性的武器装备,一定是能够经受住战争考验的装备。那么是否也可以这样理解,在战争中大放异彩的装备,一定是具有科学性、针对性、前瞻性的武器装备,答案无疑是肯定的。它们从昨天的战争中走来,带着战争之痛的沉重拷问,在世人的注目中向未来的战争中走去,带着深深的迷茫与无数困惑,是是非非留与后人评说。基于此,下面重点对 21 世纪几场局部战争中涌现的几种新型武器装备进行了疏理,期望它们在战争中的表现,对今天或未来的装备建设有所启迪和借鉴。

一、BLU-118B“温压弹”

温压弹又称热压武器,意为产生热量和压力的弹药,具有杀伤隐秘目标强、弹药冲击波威力大的特点,能大面积杀伤有生力量,又能摧毁无防护或只有软防护的武器和电子设备,爆炸在洞穴和地道中产生的气流对关键的设备和系统有巨大的破坏能力,同时不损坏洞穴和山洞,保持洞口完好,是对付地面大面积软目标、加固掩体内目标和地下工事的“杀手锏”装备。美国的 BLU-118B“温压弹”于 2001 年 10 月研制成功,并于 2002 年 3 月 3 日首次用 F-15E 战斗机投放,对阿富汗加德滋地区的洞穴目标进行了打击,开创了空投温压弹的先河,取得了预期效果。BLU-118B“温压弹”长 2.5 米、直径为 0.37 米,内部填充爆炸物重 250 千克,战斗部采用 FMU-143J/B 引信来启爆,可以垂直投放在洞穴和地道的入口处而后引爆,也可以在垂直投放后刺穿防护物在洞穴和地道内部爆炸。BLU-118B“温压弹”的研制成功,填补了打击坚固掩体目标的空白,揭开了美军山地作战和洞穴作战新的一幕。

二、专门用于攻击地下目标的“钻地炸弹”

钻地炸弹是携带钻地弹头(又称侵彻战斗部)用于对机场跑道、地面加固目标及地下设施进行攻击的对地攻击弹药。一般能钻透数百毫米厚的水泥地,有的钻地弹甚至能钻到地下180米处爆炸,其深度相当于几十层的摩天大楼!美国从20世纪60年代就开展了钻地弹的研究,经过几十年的研究与发展,至2011年已经研制和在研的钻地弹已达十余种类型数十个型号,其中最为典型的是1991年海湾战争期间研制的GBU-28钻地弹,这是一种专门用于袭击伊拉克地下指挥中心的常规钻地弹,可钻透6米厚的钢筋水泥工事和30米厚的普通地面。目前,比较常见的有JDAM钻地弹、高超声速巡航导弹、B-61核航空弹等,它们都具有极强的钻地能力。新型钻地弹在首次应用于海湾战争时就引起了极大关注,而在伊拉克战争更是大显身手,一举摧毁了被认为是坚不可摧的萨达姆地堡,充分展示了其攻击地下防御设施的不可替代作用,被誉为实施“外科手术”的“杀手锏”。但美军并没就此止步,而是在此基础上于2004年又研制了“巨型钻地弹”——“炸弹之祖”。这种炸弹由B-2轰炸机搭载,长度达6米,重约13.6吨,装有重达2.3吨的炸药。其威力在穿透60米的钢筋混凝土时,为5000磅/英寸^2(35兆帕);穿透8米的钢筋混凝土时,为10000磅/英寸^2(69兆帕);穿透40米的中等硬岩石;GPS制导,攻击精度1.2米之内,爆炸威力是美军现役最大炸弹的10倍,堪比小型核武器,是美军名副其实的“炸弹之王”。

三、F/A-18E/F“超级大黄蜂”战斗机

F/A-18E/F“超级大黄蜂”属于美军第三代战斗机,是美国波音公司为美国海军研制的舰载超声速多用途战斗机,也是美国军方第一种兼具战斗机与攻击机身份的型号。它具备优秀的对空、对地和对海攻击能力,既可用于海上防空,也可进行对地攻击。1999年“超级大黄蜂”攻击/战斗机开始在美国海军服役,2002年11月该机编入VFA-115中队,11月6日部署在林肯号航空母舰上的12架F/A-18E/F首次参与实战行动。在“持久自由行动”中,该中队在阿富汗上空没有投掷弹药;在“南部守望”中投掷了22枚联合直接攻击弹药(JDAM)攻击了14个目标,这是“超级大黄蜂”首次对敌开火;在“自由伊拉克”行动中共投掷了172吨弹药,对伊拉克的“萨母”导弹系统、指挥所、控制和通信等军事设施实施了有效打击,战功赫赫。2006年7月28日F-14“雄猫”战斗机退役后,F-18成为美国航空母舰上唯一的舰载战斗机。2011年1月波音公司又推出国际版

F/A-18E/F“超级大黄蜂”,通过升级选择增强型发动机(EPE)、联合低阻力保形油箱(CFT)等,全面提升作战能力和隐身能力。对于空对空作战模式,CFT 把作战半径提高了 10%,可以达到 1300 千米;在空对地方面,作战半径超过 1500 米;远距离攻击半径超过 1700 米。据俄罗斯 AEX 网站 2017 年 6 月 15 日报道:美国海军司令部近期批准了 F/A-18E/F“超级大黄蜂”战斗机 BLOCK Ⅲ升级项目拨款,计划在未来 5 年内拨款 2.649 亿美元,首架通过升级的战斗机已在 2019 年投入使用。这标志着美国海军对 F/A-18E/F“超级大黄蜂”的重视和青睐。

四、高威力空中引爆弹——“炸弹之母”

“炸弹之母”(MOAB)是指美军 GBU-43 大型空爆炸弹,是美军 2002 年 4 月开始研发的一种新型大型燃烧空气炸弹,也是目前武器库中破坏力最大的炸弹。当时的目的是在伊拉克战争中使用,时任美国国防部部长拉姆斯菲尔德公开宣称,MOAB 的目的就是给萨达姆政权施加巨大压力。2003 年 3 月,首枚 MOAB 的原型在美军埃格林空军基地测试成功,爆炸产生的剧烈震动让附近小镇咖啡馆里的顾客大为震惊,他们发现咖啡杯从桌面上跳了起来。MOAB 重约 9.45 吨,其爆炸威力相当于 11 吨 TNT 的炸药,爆炸时冲击波半径达到 137 米,相当于 8.2 个足球场的大小,在这个范围内一切生物都无法存活。同时在其爆炸时还会吸收空气中的大量氧气,能将半径 300~500 米之内的氧气燃烧到只有 1/3 的浓度,幸存的人员也会因缺氧气而致死。MOAB 每枚造价约 1700 万美元,据说美军共制造了 14 枚,封存于库中。2017 年 4 月 13 日,美军首次在阿富汗使用了 MOAB,也是目前美军在所有战事中使用的最大非核炸弹。据美军发言人称:此次空袭主要是针对“伊斯兰国”的武装分子在阿富汗的隧道,目的是封锁“伊斯兰国”武装分子在阿富汗的行动空间。阿富汗东部楠格哈尔省政府 15 日发表声明说,空袭在该省炸死极端组织“伊斯兰国”武装分子达 94 人,摧毁了“伊斯兰国”巨大的藏匿点、多个掩体、300 米长的隧道和一个大型武器弹药库等设施,MOAB 终于派上了一次用场,其威力又一次得到了充分展示。俄罗斯岂能甘拜下风,2002 年在获悉美国启动巨型炸弹研制后,立即启动了“炸弹之父”(FOAB)的研制项目,历经 5 年,于 2007 年进行了成功试爆。后来者居上,“炸弹之父”的爆炸当量相当于 44 吨 TNT 炸药,爆炸半径 300 米,杀伤面积相当于 40 个足球场,爆炸中心温度达 2500 摄氏度,分别是 MOAB 的 4 倍、2 倍、4 倍、2 倍,再一次让世人瞠目。也由此拉开了美、俄之间非核武器激烈“暗战”的序幕。据英国《每日镜报》网站 2017 年 9 月 9 日报道:7 日俄罗斯国防部在“脸书”网站上宣布,普京总统的武装部队向“伊斯兰国”组织在叙利亚代尔祖尔的头目投下了迄今体积最大的非核炸弹,即炸弹之父,摧毁了一个指挥所,一个通信中心,打死了大约40名武装分子,其中包括 “伊斯兰国”的“战争部长”吉尔穆罗德·哈利莫夫和主要指挥官穆罕默德·谢马利。“父”“母”轮番上阵,以“牛刀杀鸡”的手段,打击小小的“伊斯兰国”组织,到底想向世人说明什么?隐藏在这背后深层次的含意和良苦用心,恐怕在世界上也是司马昭之心,路人皆知了。

五、新型“爱国者”导弹

1991年,海湾战争中美军第一次使用“爱国者”导弹成功拦截了伊拉克的“飞毛腿”导弹,出尽风头,一时间声名大振,几乎家喻户晓,世人皆知。而经过10多年改进,一种新型的“爱国者”导弹,又横空出世,其系统防御能力比海湾战争时增加了7倍。这就是伊拉克战争时,美军在沙特、以色列、卡塔尔、科威特、土耳其等国部署的“爱国者”-2增强型和“爱国者”-3型导弹。“爱国者”-2增强型导弹是2002年交付美军的新型导弹,与海湾战争时用的“爱国者”-2型导弹比,增加了飞行中可编程引信,一旦雷达确认了导弹跟踪的目标类型,就可以指示导弹在何处引爆弹头,以使杀伤力达到最强,同时,它还加强了对低空目标的捕获和跟踪能力,除用于弹道导弹防御外,还能用于攻击飞机目标。“爱国者”-3型是在“爱国者”-2型导弹基础上发展的一种先进弹道导弹防御系统,主要由新研制的动能拦截导弹和改进的雷达与指挥、控制系统等组成,2002年具备实战能力,在2003年的伊拉克战争中投入实战。可惜的是这回伊拉克没有给它们表现的机会。

六、RQ-1B“捕食者”无人机

RQ-1“捕食者”是美国空军装备的一种中空、长航时无人侦察机,主要执行小区域和山区的侦察与监视任务,同时还可跟踪运动中的地对空导弹系统。它对小区域的山区可持续几天或几周进行全天候的连续侦察、监视,从而为美军战区指挥机构提供实时的战场信息。RQ-1“捕食者”无人机有两种型号:一种是RQ-1A,主要用于监视和侦察;另一种是RQ-1B,与A型相比,B型提高了起飞重量,增强了续航能力,最突出的特点是加装了对地攻击功能,因此也称无人攻击机。RQ-1A无人机最早在1995年的波黑战争中首次使用,在2001年的阿富汗战争中再显风采,特别是在此次战争中美军首次投入的RQ-1B“捕食者”无人机,集侦察与打击于一体,一举击毙本拉登“基地”组织的重要人物阿提夫,在战场上发挥了重要作用。在2003年的伊拉克战争中，美军共在海湾地区部署了15架RQ-1“捕食者”无人机，其中有部分是RQ-1B无人攻击机，所不同的是这一次RQ-1B装备的已不再是当年“地狱火”反坦克导弹，而是“鸟枪换炮”，搭载了美军最先进的机载武器“联合直接攻击弹药”的改进型GBU-38。所幸由于萨达姆政权的过早倒台它们没有派上用场。

七、机载武器联合直接攻击炸药(代号GBU-38)

GBU-38是美军最先进的机载武器联合直接攻击炸药，其前身是美国空军和海军联合研制的MK-82炸弹，美军在20世纪90年代以来几场局部战争中大量使用了JDAM精确制导弹药，并因其在实战中的杰出表现受到美国军方和盟国的广泛关注。但它体积和质量较大，一架F-117和一架B-2隐身战略轰炸机出动一次分别携带2枚、16枚908千克的JDAM，作战效能太低，于是美军提出发展小型化炸弹计划，并于2003年9月由波音公司成功研制出了GBU-38炸弹。GBU-38炸弹重227千克，一架RQ-1B“捕食者”无人攻击机可挂载6枚；而一架B-2轰炸机则可一次携带80枚，同时攻击80个移动目标；2003年9月10日，美国空军的一架B-2A隐身战略轰炸机在犹他州试验靶场进行试验中，一次投放了80颗GBU-38炸弹，攻击了长度1609米的小型模拟机场，每颗炸弹单独编程，各自攻击不同目标，平均圆概率偏差小于3.05米，许多炸弹直接命中了目标，充分展示了GBU-38的精确打击能力。同期，波音公司还成功研制了质量为113千克的GBU-39炸弹，美军计划将其部署在F-15E、F/A-22、F-35战机，联合无人作战飞机以及所有其他的武器平台上。2017年5月8日《美国合众社》报道：美国第432空中远征联队和位于内华达州的内利斯空军基地的第26武器联队MQ-9“死神”无人机成功投放了GBU-38联合直接攻击弹药，对伊斯兰恐怖组织实施了打击。这是美军首次使用无人机投放GBU-38炸弹，美国空军表示，此事件具有“历史性里程碑”意义。

八、“战斧”-4型新一代舰射巡航导弹

“战斧”导弹首次亮相于1991年的海湾战争并一战成名，同时也暴露了一些明显的缺陷。针对暴露的不足，美军进行了大量的升级改造。2002年，成功完成了“战斧”-4型新一代舰射巡航导弹的水下试射。2003年3月20日，美军战舰向伊拉克发射大约40枚“战斧”式巡航导弹。与老式“战斧”导弹相比，“战斧”-4型新一代舰射巡航导弹有许多新的特点，最突出的就是发射后能在飞行

距离不超过400千米的战场上空盘旋数小时,实时接收卫星、预警机、无人侦察机和地面指挥机构发来的信息,根据最新信息确定目标后再实施攻击。“战斧”-4型新一代舰射巡航导弹除采用了惯性制导和全球定位系统复合制导系统外,还采用了红外成像或改进的景像匹配制导技术,能将打击目标的时间缩短为几分钟,从而对移动目标进行有效打击。伊拉克战争期间美军共发射各型战斧导弹288枚。2011年3月19日,美、英战舰和潜艇在地中海海域向利比亚发射112枚“战斧”,轰炸这一北非国家的防空设施。之后在阿富汗、叙利亚中都有不凡的表现,而且越战越勇,越改越新,成为一型21世纪战争中从不缺席的“明星”装备,展现出战争中成熟精确打击时代的无限威力。

九、波音 EA-18G“咆哮者”电子攻击机

波音EA-18G“咆哮者”电子攻击机2006年8月首飞,2009年9月服役。它是在美国F/A-18E/F“超级大黄蜂”战斗攻击机的基础上研制而成,不仅具有新一代电子对抗设备,同时还保留了F/A-18E/F全部武器系统和优异的机动性能,使得其无论是在航空母舰的飞行甲板上还是陆地上都能较好地执行机载电子攻击任务。它拥有十分强大的电磁攻击能力,可以高效地执行对地空导弹雷达系统的压制任务,有效干扰160千米以外的雷达和其他电子设施,超过了任何现役防空火力的打击范围;其安装于机首和翼尖吊舱内的先进战术接收机是现今世界上唯一能够在对敌实施全频段干扰时仍不妨碍电子监听功能的系统。有专家评价说,“咆哮者”既是当今战斗力最强的电子干扰机,又是电子干扰能力最强的战斗机。2011年7月9日,美国海军第132电子攻击中队(VAQ-132)的EA-18G“咆哮者”完成了一次为期18个月的部署,期间支持了北约在伊拉克作战行动。随后该中队转移到意大利,为北约组织在利比亚的作战行动提供了支持。这一战斗表明,“咆哮者”已完全能够取代了同样成功的EA-6“徘徊者”电子战飞机。2015年6月,美军为EA-6“徘徊者”电子战飞机举行了为期3天的隆重退役式,正式宣告这种飞机退出历史舞台。如此隆重的仪式,既表明了美军对EA-6“徘徊者”历史功勋的充分肯定,也说明了对后来者EA-18G“咆哮者”的自信和寄予的厚望。

十、结论与启示

回顾历史,是为了看到更远的未来。战争是检验武器装备的试金石。上述这些武器装备都是进入21世纪以来的几场高技术局部战争中崭露头角、一显身

手的新型装备。它们以自己在实战中的卓越表现证明了自身的价值，是不是也能代表一种趋势和一个新的未来！这显然需要时间的检验，但更需要理性的研究和思考。透过这些装备的来世今生，是否已经能够看出明天的战争形态，装备建设发展的方向在哪里！这恐怕不仅是军事家、科学家要思考的问题，政治家和决策的制定者们似乎更应加以关注。时代在发展，技术在进步，但不管怎样变化，抓住了装备建设的科学性、针对性、前瞻性就把握了装备建设的本质，这一客观规律是永远不会改变的。

第十二章　新中国40年装备建设重大事件记录

在一个百孔千疮、满目疮痍的960万平方千米的土地上建设一个新中国已属不易,在一个一穷二白、百废待兴的国度发展尖端科技更难想象,但这一切连想都觉得不可能的事情,却在伟大的中国共产党的领导下,真真切切地发生了。新中国成立后短短几十年的历史,以无可辩驳的事实向世界证明,中国共产党不愧是伟大的党,中华民族不愧是伟大的民族！让我们把目光再回顾到新中国成立初期那艰难的岁月,看一看国防科技领域在短短时间内取得的巨大成就和那一个又一个激动人心的瞬间,或许,我们就找到了不忘初心的理由,或砥砺前行的动力,在实现中华民族伟大复兴的中国梦、强军梦中再立新功。

1949年10月1日,天安门城楼上毛主席雄厚而豪迈的声音响彻云霄:中华人民共和国成立了,中国人民从此站立起来了！随后,掌声如潮,五星红旗冉冉升起,地球的东方,人类一个伟大的国度诞生了！但这位站立起来的巨人还很虚弱,还需要钢筋铁骨的支撑,才能真正屹立于世界民族之林！于是毛主席又吹响了向国防科技领域前沿挺进的号角,率领他的人民向研发高精尖武器进军。"要下决心搞高、精、尖技术！""我们也要搞人造卫星！""核潜艇一万年也要搞出来！"伴着毛主席铿锵坚定的誓言,神州大地上一件又一件不可思议的事情发生了。

一、第一发地地导弹研制成功

1960年12月5日9时,中国制造的第一发地地导弹点火升空,沿着预定弹道,飞向目标区,弹头准确地落在理论弹着点附近,试验成功了！聂荣臻元帅在试验基地举行的庆祝会上兴奋地说:"今天,在祖国的地平线上,飞起了我国自己制造的第一枚导弹,这是我国军事装备史上一个重要的转折点。从此以后,我们有了自己的导弹了!"之后,中国于12月6日和16日,又成功进行了两次试验,3发3中,完全达到了预定试验目的。为实验中国自行研制地地导弹奠定了坚实基础。中国自1956年开展地地战略导弹研制工作，经过30多年的艰苦奋斗，取得了举世瞩目的成就，研制成功多型不同射程的地地战略导弹系统，走出了一条适合中国国情的、具有自己特色的发展道路。

二、第一颗原子弹爆炸试验成功

1964年10月16日，随着一声巨响，一朵蘑菇云在中国西北大地腾空而起。中国沸腾了！世界震惊了！中国第一颗原子弹在西北核试验基地爆炸试验成功！这是东方沉睡的雄狮苏醒后发出的惊天动地的一吼！历史记住了，这是一个让世界从此对中国刮目相看的一刻！经分析，中国原子弹的首次爆炸威力约为2万吨当量，与理论值相近，试验测试结果证明，中国第一颗原子弹的研究、试验、制造以及各种测试方法，都达到了要求，为核武器的发展奠定了坚实的基础。

三、第一颗氢弹试验成功

1967年6月17日8时20分，碧蓝的天空出现强烈闪光，一个巨大的火球出现在天空，把天幕背后正冉冉升起的朝阳掩盖在一片光辉之中，随后，一朵蘑菇云形成。全当量氢弹试验获得圆满成功！爆炸威力为300万吨TNT当量。标志着中国已经掌握了氢弹技术，具备了制造氢弹的条件，实现了核武器研制的第二个突破，为导弹核武器的系列化奠定了基础！也标志着中国继美国、英国、苏联之后，成为第四个掌握氢弹技术的国家。

四、第一枚运载火箭研制成功

1964年6月，我国自己研制的第一枚运载火箭腾空而起，从此开创了中国航天事业的新纪元。1970年4月24日，长征一号运载火箭携带东方红一号卫星发射成功，太空中在这一刻起有了中国第一颗卫星；之后，又陆续成功发射了长征二号、长征三号、长征四号……截至1998年8月，我国的长征系列运载火箭共发射飞行54次，成功地发射了50多颗中外卫星，跻身世界航天技术领域先进行列。目睹火箭发射的巨大成就，一位华侨说："没有任何东西能像长征火箭那样令人信服地改变了世界对中国的印象。"

五、第一艘核潜艇服役

中国自1958年决定研制核潜艇，1968年核潜艇开工建造，1971年4月开始进行系泊试验。1971年8月15日，中国第一艘核潜艇首次驶向试验海域，到翌年4月,共出海试验20余航次,累计航行几千海里,完成了绝大部分试验项目。1974年8月1日,第一艘核潜艇正式交付海军使用。在反潜鱼雷核潜艇研制成功后,即开始弹道导弹的研制工作。导弹核潜艇于1981年春节前夕下水,1983年8月,加入中国人民海军战斗序列;之后开展常规动力潜艇水下发射潜地导弹试验,1982年10月12日15时01秒,潜地导弹发射成功,这是中国舰艇及导弹事业的重大成就。在此基础上,又马不停蹄地开展了导弹核潜艇首次实施水下发射潜地导弹试验。1988年9月15日14点,导弹从某海域一跃飞出水面,带着橘黄色的火焰,直插云霄,最后准确地落在预定海域,试验获得圆满成功。中国从1958年决定开展研制核潜艇,到1988年核潜艇水下发射潜地导弹飞行试验成功,历时30年,先后成功研制鱼雷核潜艇和导弹核潜艇,这是中国舰艇科技事业发展的一个重大突破。

六、第一颗人造地球卫星成功发射

1970年4月24日,中国成功地发射了第一颗人造地球卫星——东方红一号。卫星运行轨道离地球最近点439千米,最远点2384千米,轨道平面与地球赤道平面夹角68.5°,绕地球1周1小时54分,卫星重173千克。东方红一号卫星的成功发射,获取了大量技术数据,我国成为第五个发射卫星的国家,标志着中国航天事业的一个新起点,为以后卫星的研制、发射、跟踪、测量提供了宝贵经验。1975年11月26日,首颗返回式卫星发射成功,3天后顺利返回,我国成为世界上第三个掌握卫星返回技术的国家。之后,又陆续成功发射了实践1号卫星、气象卫星、对地观测卫星等各型卫星。1977年进行了"一箭三星"的发射,为中国在航天领域争得了一席之地。

七、第一枚中远程导弹核武器运载试验成功

1964年10月27日,中国研制的中近程导弹在西北导弹试验基地和核武器试验基地进行了核武器运载试验,导弹飞行正常,核弹头命中目标爆炸,标志着中国导弹技术的发展完成了由仿制向自行设计的转变,使中国有了可用于实战的导弹核武器;同年,开始研制中国第一种液体中程地地导弹,1967年5月中程导弹飞行试验获得成功,之后于1970—1980年在导弹试验基地采取发射井方式进行了多次试验,均获成功,至此,中远程导弹研制工作基本结束。1965年开始研制洲际导弹,经过多次不同弹道、不同发射方式的飞行试验,1980年5月18日10时,中国第一枚洲际导弹从西北导弹试验基地发射,飞向南太平洋,准确到

达预定落区，回收舱在预定落区溅落，全程的试验结果表明，洲际地地导弹的研制是成功的；之后，又于 1982 年、1985 年，分别成功进行了潜地导弹、运输发射车陆上机动发射，从此中国的国防现代化达到了一个新的水平！

八、第一艘导弹驱逐舰建造成功

1971 年 12 月，我国导弹驱逐舰首舰建造成功交付海军使用。1973 年 9 月，首舰在海军试验基地进行导弹飞行试验，单射、齐射均获成功。1987 年，第一代导弹驱逐舰的改进型在大连开工建造，1989 年 12 月交付海军。我国自行设计建造的导弹驱逐舰，具有续航力大、航速高、火力强、抗风和稳定性好等特点，它们的成功研制和入役，极大提高了我海军的实战能力；与此同时，我国海军的护卫舰研制也取得了很显著的成绩，特别是 1985 年 10 月第一艘全封闭、全空调的 053H 型导弹护卫舰装备部队，使导弹护卫舰的现代化、自动化水平提高了一大步。

九、第一部三坐标、383 引导雷达研制成功

1983 年，中国成功研制了多波束 3 坐标 383 引导雷达，填补了中国雷达技术的空白，标志着中国的雷达技术达到了一个更高水平。1986 年，又成功研制了新一代高水平的、采用了全相参脉冲压缩捷变频体制和抗干扰等到新技术的 503 中高空远程警戒雷达。同期，还先后为陆、海、空、二炮研制了 50 余种雷达对抗装备，为诸军种开展电子对抗战提供了技术装备；也是在这一年，在攻克了 100 多项理论、技术和工艺难关后，1 亿次“银河”计算机横空出世。可喜更可贺的是，中国没有止步，1992 年又成功研制了“银河”－Ⅱ 10 亿次通用并行巨型计算机，中国的计算机技术已经远远走在了世界前列水平。

十、第一架自行研制的歼-8Ⅱ飞机亮相英国博览会

1986 年 9 月，我国自行研制生产的歼-8Ⅱ飞机在英国范堡罗国际航空博览会亮相，立即引起巨大轰动，外电评论：“它标志着中国歼击机的发展达到了一个新的阶段。”这既是一个比较客观的评价，也代表了外国对中国航空技术发展的惊讶。或许他们没有想过，新中国成立近 40 年时间，就先后研制了歼击机、轰炸机、强击机、运输机、直升机、教练机和特种飞机等 25 种 55 个型号的军用飞机，成为世界上少数研制多种军用飞机的国家之一。

十一、结论与启示

岁月如歌,往事如烟。不管走过多少历程,首次总是最难忘的。回望新中国成立初期的这段历史,清点国防科技、装备建设领域这一个又一个的首次,分享那一个又一个成功的喜悦,除了振奋,还有面向未来的憧憬、信心和勇气。这是中国共产党正确领导的胜利,这是一个伟大民族的胜利!听,美妙的《东方红》乐曲正响彻寰宇;看,地球的东方一个伟大的国家已巍然屹立!再也没有什么能够阻挡我们现代化前进的步伐。俱往矣,数风流人物,还看今朝。过去,我们在苦难中创造了坚定与辉煌;今天,我们在贫穷里创造了繁荣与富强;明天,我们还一定在新长征的路上实现中华民族复兴的伟大梦想!21 世纪的中国国防科技必将绽放出更加璀璨夺目的光辉!中国的明天一定更美好!

第十三章　高度警惕和防止误入“科技迷雾”

前面我们讨论的装备建设的科学性、针对性、前瞻性还仅仅局限于装备建设本身的规律和特点，考虑得更多的是装备建设过程中客观的、自然的影响因素。但装备建设作为一个国家国防建设的重要组成部分，往往是国家博弈和竞争的焦点，必然还会涉及很多主观的人为因素。而其中最可怕的是少数别有用心的国家或组织，以科技的幌子制造“科技迷雾”，误导科技发展方向，人为地拉开科技差距，从而使装备建设的发展也迷失方向、走上弯路。因此，保持装备建设的科学性、针对性、前瞻性，必须高度警惕和防止误入“科技迷雾”，加强对科技迷雾的概念内涵、产生的动因及危害特征的研究，找出辨识科技迷雾的对策，把握科技发展的正确方向，对保持装备建设的科学性、针对性、前瞻性具有重大的现实意义。

一、科技迷雾的概念内涵

迷雾从物理现象上说，本意应指不同质、态、浓度等的胶体、颗粒等物体混合产生的视觉障碍，如丁达尔效应；从广义上又可以笼统地指不确定性。按此逻辑，科技迷雾应该有两重含义：一是指以科技手段制造的迷雾，典型如战场用来隐真示假的高科技伪装新产品、高科技伪装手段等；二是指科技领域本身产生或带来的不确定性。这里我们讨论的，我想应该是第二种，即科技领域的迷雾。这里又有两个范畴：一是科技发展自身存在的迷雾，从主观上说，可以理解为我们的认知水平滞后于科技的发展，由于我们的认识水平有限，识不出、看不清、理解不了事物的本质是什么，这些客观存在的认识上的差距成为困扰或阻碍人类发展的“迷雾”，这里的迷雾是客观存在的，但也是主观认识层面的；二是人为的、有人别有用心地制造的、用于混淆视听、纯粹是为了不可告人的目的而行以假乱真之实、以科技面貌出现的迷雾。抛开产生的原因，我们应该看到的是，出现科技迷雾的后果，不论是对科技自身的发展，还是对国家或组织的发展都是十分有害的。因为它披着科技的外衣，打着真理的幌子，具有极大的蛊惑性、欺骗性。

更为可怕的是科技迷雾如果被用于作为国与国竞争和博弈的手段，其后果就更为严重了。因此，冷静面对科技迷雾、积极认识科技迷雾，不仅是应对技术突袭和抢占科技制高点的需要，也是提高国家综合竞争力的迫切需要，意义重大而深远。

二、科技迷雾产生的动因

任何事物的发展都有其深层次的原因。科技迷雾的产生主要有四个方面的原因。

（一）源于认知不足，产生误区

由于科技的发展，人类认识水平的提高，面对的未知也在增加，由此产生认知上的迷雾。而且已知的越多，未知越多，迷雾越多。有人将其形象画为一个同心圆，圆内为已知，圆外为未知。随着已知的增加，未知也在不断扩大，迷雾越来越多。这时的迷雾可以转化为动力，激发人们强烈的好奇心，去探索更多的未知、更广阔的空间、更美好的未来；这里的迷雾蕴藏着向往、美好、希望和求知的力量，如人类对外太空的探索、对火星的神往，等等。

（二）出于突发奇想，标新立异

生活中确实有些行为或思维古怪的人，有些往往还是受过一些教育、有点知识的人。他们喜欢无中生有、捕风捉影、自欺欺人、大胆虚构和编造一些故事，如月球的背面有着一个比人类更为发达的文明社会，大海深处有一座美丽的城堡等，以此迎合少数人的猎奇心理。当然，由于人类认知的局限性，这也确实能让一些人信以为真，误导人沉迷于不可能或子虚乌有的事情。这时的迷雾纯属“自娱自乐”，饱含着无知、可笑和可悲。

（三）出于经济利益，骗取资金

个别利欲熏心的人，完全出于个人经济目的，以侥幸之心，用科学的原理，精心炮制或胡编乱造一些似是而非的概念，如风可以变成水，水可以变成油等，利用官员急功近利、速求政绩的心理，骗取研发资金，利用人们投机取巧、一夜暴富的心理，进行集资融资，我想这也是一种科技迷雾产生的原因。在实际生活中，这样的事情屡见报端、屡见不鲜、屡禁不止。但这并不可怕，因为在人类的智慧面前，这些雕虫小技，迟早会大白于天下，不攻自破。只是这些迷雾充满欺诈、可气和可恨。

（四）出于战略目的，误导对手

国家或组织出于战略竞争而蓄意制造科技迷雾。世界历史的发展表明，国与国之间没有永远的朋友，只有永远的利益。国与国之间的竞争是激烈的，而且不择手段。科技迷雾作为一种高智商的活动，承载着人类的智慧，具有从战略上迟滞一国经济、科技、军事发展的潜在作用，又如何能排除被国家或组织作为战略博弈的一种手段呢？如果这样，则就不是无知、可笑和可悲的问题，而很可能是一场灾难了。对此，我们不能掉以轻心，而必须未雨绸缪；不仅要时时加以警惕，而且要加以重视和研究。

从上述分析不难看出，科技迷雾本身并不可怕，可怕的是别有用心的国家或组织制造科技迷雾、施放科技迷雾、利用科技迷雾。为理解上的方便，我们下面将重点对这一范畴的科技迷雾进行讨论。

三、科技迷雾危害的特征

科技迷雾的危害是巨大的，不可估计的。其特征也是明显的，主要体现在以下方面：

一是辨识难度大。科技迷雾的目的是制造骗局，其本质是利用人类知识的有限性和科学的无限可能性，以科学家之智，筑科学领域之谜；又以科技的名义问世，以科技的外衣包装，与生俱来带有浓厚的“科技”元素，真真假假，似是而非；同时因其为非普通人所为，所以亦非普通人所能辨识，很容易博得人们的信任，具有极大的欺骗性和广泛的影响性，误导性强，辨识难度大。

二是传播速度快。科技迷雾多是以奇登场，以新发现、新技术面目出现，迎合人们普遍的“求新”心理，一经推出便会立即吸引世人眼球，容易抓住大众心理，迅速成为热点、焦点；容易满足大多数人的好奇心，在人心理掀起波澜，产生共鸣；又易引起后续的热情和足够的联想空间，持续误导人们的关注点。如此迷雾在社会上扩散、蔓延，则影响的可能就不止一代人，甚至几代人。

三是危害性巨大。决策的失误是最大的失误。限于我们界定的讨论范畴，科技迷雾必是大手笔、大文章。能成为或称得上科技迷雾的，绝非一般人一时心血来潮，而应是居心叵测的有大背景、大后台，并有大企图的国家或组织，精心策划蓄意为之。在其冠冕堂皇的解释背后，必隐藏着一个深不可测的战略图谋。比如在经济增长、科技热点、科技方向上产生迷雾，就很可能让一个国家或组织对发展战略产生误判，致使国家或组织在重大经济决策、科技发展战略、装备发展路线上出现重大失误，造成不可弥补的损失。

四、面对科技迷雾的思考

科技迷雾是科技发展到一定阶段的产物,具有天然的模糊性、欺骗性。一旦被国家和组织用来作为竞争和博弈的手段,其后果是严重的、不可估计的。当今世界正面临百年未有之大变局,以往单纯以西方为主导的国际体系和格局正在发生改变。同时,这也是一个科技迅猛发展、科技迷雾丛生的时代,大国竞争和博弈将更加激烈。在装备建设和国防科技发展的重大决策中,更需要透过现象看本质,提高对科技迷雾的辨识力,保持良好的战略定力,遵循装备建设的客观规律,从源头抓起,从根本入手,综合施策,为实现“两个一百年”奋斗目标和中华民族崛起提供强大国防科技支撑。

(一)提高对科技迷雾危害性的认识

孙子曰:不战而屈人之兵,善之善者也。科技迷雾,可以兵不血刃而取得竞争的主动权。以科技迷雾迟滞对方的发展,无论从经济上、道义上,还是从战略上看,都比发动一场战争容易和划算。虽然制造科技迷雾属于欺诈行为,不体面也不光彩。但为了实现战略目的,有些国家,战争尚可以“莫须有”之名发动,又怎能保证“科技迷雾”不成为其险恶用心的选项?中国是一个负责任的大国,中华民族是一个光明磊落的民族,我们爱好和平、致力于和平发展。但是中国也有句古话:害人之心不可有,防人之心不可无。生于忧患,死于安乐。在和平发展的进程中,必须居安思危,看到树欲静而风不止,时代在变,但美国视我为其称霸世界的最大障碍,阻止我中华民族崛起的图谋永远不会改变。在没有硝烟的战争中,“科技迷雾”将是必须用到的最有杀伤力的武器。对此,我们必须给予高度重视,未雨绸缪。

(二)强化科技战略管理

战略上的“迷雾”还须从战略上来应对。科技迷雾表面上影响的是判断力,实际上干扰的是战略定力,以达到最终削弱综合竞争力的目的。科技战略管理是科技发展管理的最高层次。加强科技战略管理就是要站在科技发展全局的高度,遵循科技发展规律,瞄准世界科技前沿,科学制定科技发展的总体规划、发展政策。在这里,必须学会从政治的高度审视科技问题,依据本国实际统筹科技资源,构建科技创新体系,探索协同创新模式,对具有紧迫战略需求的重大领域科学布局,形成强大的战略科技力量,抢占新时代的科技制高点。做到你有千变万化,我有一定之规,以不变对万变,牢牢把握科技发展的大方向和主动权。国防科技作为科技的重要组成部分,更是如此,必须从顶层上、战略上来考量。

（三）加强基础科学研究

兵来将挡，水来土掩。技术上的“陷阱”要通过技术来破解。基础研究是开展科学研究的基础，是技术创新和发展的源头。一个国家的基础研究能力和水平将决定一个国家的科技实力，同时也是提升技术预警能力和防止技术突袭的有效和唯一手段。必须加强基础研究，实现前瞻性基础研究、引领性原创成果、颠覆性技术的重大突破；要增加技术敏感性和敏锐性，不为浮云遮望眼，对新兴领域科技加强跟踪研究，善于发现新机理，找出新规律，抓住新的技术增长点，夯实见微知著、窥一斑而知全豹的本领，提高技术预警和防止技术突袭能力。

（四）重视教育和提高全民的科学素养

科学知识是辨识科学迷雾的重要武器，没有科学知识的民族是没有辨识力的，而没有辨识力的民族是没有希望的。然而，科学知识的获取又是枯燥的、艰苦的，要从学校教育入手，从青少年抓起，要科学设置教育课程，让科学家进教材、进课堂、做榜样、立标杆，积极营造学科学、爱科学的氛围；同时，必须加强全民的科技知识普及教育，强化全民的科技素养，培养全民的科学思维，在全社会培育崇尚科学、尊重科学的土壤，让崇尚科学成为时代的主旋律，尊重科学成为民族精神，培养和造就一批具有国际视野和战略思维，又有专业精神的科技精英。

（五）开展对重大迷雾问题研究并及时公布结果

假亦真来真亦假，谣言止于智者。解铃还须系铃人，科技迷雾还需要科技的力量去驱散。要组织国家专业力量，及时对一些影响科技发展方向、关系国计民生、容易引起三观奇变的重大现实问题进行研究。要建立权威发声平台，及时公布研究结果，以正视听。要加强媒体的管理，提高主流媒体的公信力，建立责任追究机制，严惩不负责任的媒体；要重视媒体人的职业道德建设，善于讲好中国故事，传播中国正义之音。坚决禁止炒作，杜绝道听途说、以讹传讹。送宇宙一方清澈，还地球一片蓝天，给世人一个清醒。

五、结论与启示

写作本章节的时候，感到十分困惑。因为何谓“科技迷雾”，目前在学术上并没有明确的定义，也没有在文献上查到权威的说法。但却隐隐约约，甚至是越来越强烈地感到它是现实中的一种真实存在，就在我们的经历中、就在我们的生活里。而且与国防建设、与装备发展关系重大。进而联想到大国的博弈、苏联的解体……仿佛处处笼罩着科技迷雾，时时萦绕着科技迷雾。装备建设对科技的依赖性最强，具有投资大、周期长、掉头难的特点，保持装备建设的科学性、针对性、前瞻性，确保装备建设始终沿着健康轨道向前发展，必须时刻擦亮眼睛，经常保持清醒头脑，不断增强“拨云见日”的本领和能力。

不识庐山真面目，只缘身在此山中。面对错综复杂谜一样的世界，我想用英国著名汉学家马丁·雅克在《了解中国崛起》演讲时的一句话结尾：“中国从来就不止是一个国家，而是一个文明伪装成了国家的存在。”我认为，这才是穿越时空和当代“科技迷雾”的智者之见，一个揭开人类社会发展之谜的崭新视角，精辟而独到。耐人寻味，值得世人深思。

第十四章　以“能打仗、打胜仗”标准推进装备建设

习近平主席多次强调军队要“能打仗、打胜仗”，不仅进一步为我军的现代化建设指明了方向，也集中体现了中央军委对建设什么样的军队，怎样建设军队这一重大现实问题的战略思考、坚定意志和明确要求，是我军站在新的历史起点上继往开来，开始新征程的根本遵循，具有十分现实和深远的历史意义。保持装备建设的科学性、针对性、前瞻性，必须准确理解和把握习近平主席这一重要指示的深刻内涵，坚持以“能打仗、打胜仗”为标准和要求，推进装备建设快速稳步向前发展。

一、准确理解和把握“能打仗、打胜仗”的深刻内涵

“能打仗、打胜仗”是习近平主席提出的强军之要，是新形势下做好军队各项工作的出发点和落脚点。在装备建设中要扭住这个强军之要，贯彻落实好“能打仗、打胜仗”这一重要思想，必须准确理解和把握其深刻内涵，充分认识其时代背景和历史意义，不断增强政治的敏感性和行动的敏锐性。

（一）要充分认识“能打仗、打胜仗”的重大现实意义

“能打仗、打胜仗”是党在新形势下军队建设强军目标的核心要素，也是推进军队各项建设必须坚持的标准和要求。它揭示了军队建设的本质和目的，十分明确地回答了党在新形势下需要什么样的军队，军队怎么建的重大现实课题，是习近平主席对军队建设提出的明确要求，更是我们党和人民对军队的热切期望，体现了习近平主席对和平时期军队建设规律特点的深刻认识和准确把握，是建军思想在军队建设战略指导中的具体运用和发展，更是我军有效履行历史使命的必然要求。内涵极为丰富，目标非常明确，要求十分具体，语言特别简洁，富有强烈的感召力、震撼力、指向力，符合时代要求和我军现代化建设实际，具有重大的理论和现实指导意义。

（二）要充分认识“能打仗、打胜仗”的伟大时代意义

“能打仗、打胜仗”是我军在新的历史起点上开始新征程的一面伟大旗帜，必将振奋和鼓舞全军将士勇敢迎接挑战，意气风发走向未来的坚定决心。我军已走过了九十多年的光辉历程，九十多年来，在中国共产党的坚强正确领导下，人民解放军从无到有，不断发展壮大，取得无数辉煌的业绩，为新中国的建立和社会的稳定发展立下了不朽的功勋，举世瞩目，彪炳千秋。但是我们也应清醒看到，我军正经历长期和平环境的考验。特别是受改革开放后社会上各种思潮的冲击和影响，部队建设也面临着战斗意识淡化，战斗精神匮乏，作风建设松懈，价值取向多元的和平积弊的侵蚀。“能打仗、打胜仗”的要求，紧紧抓住了和平时期军队建设的本质，点中了和平时期军队建设的要害，适逢其时，恰如其分，一经提出就立即在全军上下产生强烈反响，得到高度认同和坚决拥护，成为振奋全军将士斗志，凝聚全军将士战斗精神的一面旗帜和强大精神动力。

（三）要充分认识“能打仗、打胜仗”的深远历史意义

“能打仗、打胜仗”是当前和今后一个时期我军现代化建设的重中之重，是全国人民的共同期盼和追求。进入21世纪，世界经济重心加速由西方向东方转移，亚太地区成为全球地缘战略角逐的焦点。同时，随着国家海洋利益的拓展，来自海洋方向的威胁急剧增加，我国的安全环境更趋复杂。为遏制中国的崛起，美国推行“亚太再平衡”战略，在军事上提出并实施“空海一体战”战略，围堵中国的企图十分明显，使我国安全问题的综合性、复杂性、多变性显著增强，安全发展问题面临着前所未有的挑战。实现中华民族的伟大复兴，迫切需要建设与我国国际地位相称、与国家安全和发展利益相适应的巩固国防和强大军队。“能打仗、打胜仗”要求的提出符合我国人民长期以来对长治久安、和平发展、和平崛起和建设和谐世界的向往，是中华民族的呼唤和共同期盼。

二、以“能打仗、打胜仗”的标准要求审视装备建设中的不足和差距

装备建设是一个复杂的巨系统工程，需要科学的理论指导。经过多年努力，我军的装备建设工作取得了长足发展，为推进国防现代化建设做出了积极贡献。但是以“能打仗、打胜仗”的标准和要求来审视和衡量也存在明显的差距和不足，主要是以下几个方面。

在指导思想上，“能打仗、打胜仗”的思想树得还不够牢。建为战的意识不强，考虑经费、成果、领域发展的因素多，对装备建设的“短板”和“瓶颈”等急需

解决的现实问题关注不够，对信息化、智能化等探索性新概念武器装备研制投入不够。从打赢的角度创造性地谋划装备建设体系不够，对我军战略理论、装备建设理论研究不深，对装备建设的科学性、针对性、前瞻性、战略性、全局性问题研究和顶层筹划能力、长远规划能力不强；研究问题缺乏战略层次和前瞻性。基于打仗的装备体系不够完善，科学性、针对性、前瞻性在装备建设中体现的不强。

在装备科研中，科研人员作战知识缺乏，重技术、轻作战，重装备、轻战法，考虑装备技术指标因素多，作战需求研究能力不强，对战争规律、战斗力生成要素、未来战争样式、战斗力生成模式转变、装备作战使用训练等研究不够，对信息化条件下基于信息系统的体系作战制胜机理研究少，军事需求研究滞后于使命任务的拓展、战争形态的变化和高新技术的发展；对武器装备的体系、系统、系列、型号各层次需求分析的内涵研究不深不透，装备需求论证缺少针对性，对型号研制立项的牵引性、约束性不强。研究理念滞后于战争形态转变和装备技术的发展，对新装备关键技术持续深入研究不够。军事需求论证、体系论证和作战效能评估存在明显“短板”；作战需求对装备科研的有效牵引不强。

在装备建设上，装备建设理念滞后，管理思维僵化，还没有站在战略和作战的层面，从战斗力生成模式转变和基于信息系统的体系作战能力的角度，对装备全系统、全寿命管理进行深入、系统的研究，对基于模拟仿真的方法运用不够，能力较弱，定量分析不足，手段滞后，数据积累差、模型开发少，基于大数据时代的信息挖掘技术手段建设薄弱，体系化、现代化管理能力不够，装备建设效益不够突出，等等。

上述问题的产生，有体制机制方面的原因，但更多的还是思想观念的问题，是传统的观念禁锢了创新的思维。解决上述问题，必须从思想观念上找原因，树立与时代发展要求相适应的新理念、新思维。

三、在装备建设中贯彻落实”能打仗、打胜仗“标准要求的考虑

在装备建设中贯彻“能打仗、打胜仗”这一思想，关键是要把“能打仗、打胜仗”的标准和要求落实到装备建设全过程，体现到装备建设的全链条、全领域、各环节，作为装备建设的重要依据，检验和衡量装备建设成果的根本准则。做到全部心思向能打仗聚焦，各项工作向打胜仗用劲。一切围绕打赢，一切为了打赢，一切服务打赢。

（一）要坚持以“能打仗、打胜仗”为指导，牢牢把握装备建设的正确方向

装备建设工作者要坚持以是否有利于“能打仗、打胜仗”来决定装备建设研制立项的取舍、确定重大资源的投向；端正装备建设价值取向；要把培育正确的装备建设理念贯穿于装备建设的全过程，引导广大装备建设工作者牢固树立为“能打仗、打胜仗”搞装备建设的思想，始终把思想定位聚焦到“能打仗、打胜仗”上来，把强烈的忧患意识、危机意识、使命意识转化成从事装备建设工作的强大动力；要深入了解军事斗争准备的重大意义，主动贴近战备训练、贴近装备管理使用、贴近一线官兵，紧紧围绕战斗力建设要求，直接抓住影响和制约部队战斗力形成、保持和长期困扰一线官兵最突出、最实际、最迫切的问题，寻找推动战斗力生成模式转变的突破口和装备建设增长点。坚持以科研为先导，在作战部队推广设立科研基地，联合开展科研攻关，解决作战训练装备保障和重大装备技术发展的现实问题。瞄准制约部队战斗力生成提高的“瓶颈”技术，集智攻关预研关键技术。加快转变科研创新发展模式，推动科研组织方式由分散型向联合型转变，建立科研统筹机制，统一调配科研资源；推动装备建设工作由任务驱动型向需求牵引型转变。

（二）要坚持以“能打仗、打胜仗”为标准，强化装备体系建设、系统建设能力

现代战争是体系与体系的对抗。要树立体系对抗思想，以全球的视野和战略眼光，站在国家安全和发展全局高度思考和研究我军装备建设问题，特别是要按照国家安全发展战略和建设海洋强国的总要求，根据我军战斗力建设规律特点，着眼打赢未来信息化战争，重点从基于信息系统的体系作战能力的生成机理、技术体系构成、转化应用、组织管理和集成优化等装备信息化建设的顶层设计入手；面向未来高技术战争装备体系发展需求，加强装备建设战略筹划设计。按照基于任务和能力的原则进行针对性发展，提高主战装备建设与配套建设统筹发展能力，做到系统配套、保障配套和使用配套；加强体系技术、体系工程设计、体系建模仿真研究，科学构建结构优化、整体协调的武器装备体系，为推进装备建设实现科学发展提供依据。

（三）要坚持以“能打仗、打胜仗”为标准，大力提高自主创新能力

最先进的技术是买不来的，必须坚定不移地走自主创新之路。科研的本质是创新。装备创新发展依赖科研的创新。要瞄准世界军事技术前沿，充分发挥后发优势，着眼装备跨越式发展，以破解制约装备发展的关键技术为重点，强化理念创新、原始创新、集成创新、概念创新、引进消化与吸收再创新，大力发展拥有自主知识产权的核心技术，力争在一些基础性、前瞻性、战略性技术领域取得

重大突破，加快装备发展模式由跟踪模仿式向自主创新式转变步伐；高度关注新兴技术领域、新战斗力增长点、新概念武器研究、新作战空间的新发展，积极争取和推动武器装备探索性研究的开展，发挥先发优势抢占制高点。

（四）要坚持以“能打仗、打胜仗”为标准，加强装备科研手段建设和试验评估工作

装备发展的水平有赖于高水平的科研手段支撑。建立和完善战略与战术、技术紧密结合，体系研究与装备采办紧密结合，作战研究与效能研究紧密结合，知识经验与建模仿真紧密结合，能力需求研究与投资分析研究紧密结合，作战平台武器系统，信息作战战场环境红蓝对抗融合的科研手段，是打进装备建设的物质基础和保证。必须装备的作战使用研究，强化战争首先在实验室里打起来、实验室定胜负的观念，树立科学家参战意识，加强战争的预先设计和顶层谋划，时刻想打赢，处处谋打赢；进一步加强模型数据建设，围绕装备建设全寿命周期，以重大演习演练为切入点，抓好各类仿真模型和数据建设，使装备建设建立在真实数据和有效模型的基础之上；加强装备评估手段建设，建立评估标准，完善评估体系，健全评估机制，提高评估水平，逐步由以定性为主的经验式评估向定量为主的科学化评估转变，由传统的单一装备评估向基于信息系统的体系能力评估转变，切实提高对装备建设的体系评估能力，充分发挥装备建设评估在装备建设全过程中的主导、把关和推动作用。

（五）要坚持以“能打仗、打胜仗”为标准，加强科研人员打仗意识和军人素质培养

装备建设工作者必须具有军人的精神、军人的作风、军人的思维和养成，必须把“能打仗、打胜仗”作为思维的基点，不仅掌握装备建设的本领，自觉钻研军事，善于思考和解决“能打仗、打胜仗”面临的重大问题，把研制顶用、好用、可靠的武器装备作为奋斗目标和终生追求，矢志不渝；必须具有更加执着的奋斗精神和严谨的工作态度，担当起对战斗力负责、对打赢负责的神圣责任；必须具有顽强拼搏、坚忍不拔的作风，在强军路上不畏艰难险阻，勇于攻坚克难，勇攀装备建设高峰。在重大装备建设任务面前，召之即来，来之能战；必须具有攻无不克，敢打必胜，战而胜之、敢啃硬骨头的勇气和信心，热情投身于装备建设，为“能打仗、打胜仗”提供强大的装备支撑做出积极贡献。

五、结论和启示

以“能打仗、打胜仗”标准推进装备建设是装备建设保持科学性、针对性、前

瞻性的集中体现,是装备建设的本质要求,是装备建设的起点和归宿。离开了这一标准,装备建设就会偏离方向,科学性、针对性、前瞻性就无从谈起,就是无源之水,纸上谈兵;研究和探索装备建设的科学性、针对性、前瞻性必须紧紧围绕"能打仗、打胜仗"这一主线展开。如果说科学性、针对性、前瞻性是一个理论问题,"能打仗、打胜仗"则是一个具体的实践问题,必须作为工作的具体指导,在装备建设的各项工作中加以坚持、贯彻和落实。

第十五章　历史的叩问

当今世界，和平与发展已成为时代的主题。置身欣欣向荣、日新月异、蒸蒸日上、一日千里的伟大祖国，很多人也许不理解，为什么还要花费那么多的军费，研发那么多高、精、尖的武器装备？摆在那平时还要投入巨大的人力、物力、财力进行维护保养。如果把这些国防费用用于改善国计民生，改善人民的生活，那我们的生活该有多好。

这个问题问得好，反映了当下很多人、特别是在和平环境中生长起来的人们的心态，但回答起来却不那么容易。

我们只能说，这是历史的教训：从 1840 年的鸦片战争，到帝国主义列强瓜分中国、殖民中国的悲惨生活；从 1894 年甲午海战北洋水师的全军覆灭，1931 年的“九一八”事变东三省的沦陷，到 1937 年 7 月 7 日北京卢沟桥日军的枪声，再到日军铁蹄践踏华夏大地，以及南京大屠杀的哀嚎，都在警示和诉说着：中国的近代史就是被侵略和奴役的历史，就是山河破碎、民不聊生、生灵涂炭、被割地赔款的历史。与长江、黄河向东奔流一样亘古不变的，还有这样一个定律，那就是：弱国无外交，落后就要挨打。

我们只能说：这是达尔文著名的丛林法则：物竞天择，适者生存，弱肉强食。

人类的悲哀也许不在于他遇到了什么灾难、犯了什么错误，最可悲和不幸的是总是在不可避免地重复着过去的、历史的错误，重蹈覆辙成为社会进步发展的一个或明或暗的陷阱！谁注意并善于绕开它，谁就能顺利走向理想的彼岸，到达光辉的顶点。

历史进入 21 世纪，但是炮声依旧，伊拉克的硝烟、利比亚的战火、叙利亚的废墟、阿富汗难民的呻吟，都在悲愤而无奈地倾诉着：只有以戈止武才能赢得和平，只有自身强大才能慑止战争！经过半个多世纪的艰苦奋斗，苦难深重的中国已经摆脱了积贫积弱的历史，我们已然成为世界公认的大国，屹立于世界东方！但一个大国还不等于强国，只有拥有强大的、现代化的国防，一个国家才能真正跻身于世界强国的行列，一个民族才能真正挺起脊梁，才能履行好一个负责任大国的使命。

2014年12月,习近平主席在出席南京大屠杀死难者公祭仪式讲话中强调:"自古以来,和平就是人类最持久的夙愿。和平像阳光一样温暖、像雨露一样滋润。有了阳光雨露,万物才能茁壮成长。有了和平稳定,人类才能更好实现自己的梦想。历史告诉我们,和平是需要争取的,和平是需要维护的。只有人人都珍惜和平、维护和平,只有人人都记取战争的惨痛教训,和平才是有希望的。"习近平主席的讲话内涵丰富,寓意深远。不仅深刻揭示了人类与生俱来的美好愿望,也指明了国家和平、世界和平的发展方向。

我们热爱和平,珍惜和平,为了和平:

我们不仅要建设强大的陆军,我们还要有强大的空军、海军、火箭军和战略支援部队,强军才能强国,有国才有家,有家才能安居乐业;我们还要有原子弹、氢弹、导弹;这是我们慑止战争、赢得和平、争取世界话语权的筹码!我们要有航空母舰、驱逐舰、护卫舰、潜艇、核潜艇……这是我们走向深蓝、建设海洋强国、维护海洋权益的重要保障!

大国重器、民族之魂、立国之本、发展之根、和平之基。

面对复杂严峻的国家安全形势,面对维护国家主权、安全、发展利益的迫切要求,习近平主席深刻指出:"没有一个巩固的国防,没有一支强大的军队,和平发展就没有保障。""能战方能止战,准备打才可能不打,越不能打越可能挨打,这是战争与和平的辩证法。""我们必须着眼于坚持和发展中国特色的社会主义,努力建设与我国国际地位相称、与国家发展利益相适应的巩固国防和强大军队,为在中国特色社会主义道路上实现中国梦提供重要力量支撑和坚强安全保证。"习近平主席关于国防和军队建设的重要论述,深刻揭示了国家发展、人民幸福与国防建设的关系,是我们做好装备建设的根本遵循和指导。国家兴亡,匹夫有责。贯彻落实习近平主席重要指示,要求我们必须进一步统一思想、提高认识、行动起来。

我们必须站在国家安全发展战略的高度来认识巩固和建立强大国防的重大意义,要强化民族的国防意识,知耻后勇,居安思危,这是实现中华民族伟大复兴中国梦的根基。

我们必须瞄准强敌,科学构建具有我军特色的装备体系,明确装备发展的方向、重点,这是建设强大军队、实现强军目标的物质基础。

我们必须挺进军事科技的前沿,抢占世界军事科技的制高点,主动适应世界军事变革的潮流,坚持创新驱动发展战略,坚定走科技强军之路的决心,这是发展现代化高新武器装备的必然选择、必由之路。

我们必须进一步加强国防工业基础建设，培育和夯实强大的战争物质潜力，这是巩固和建立强大国防的重要前提和保障。

我们必须建设一支高水平的科技人才队伍，精心打造大国利器的铸造方阵，这是科技强军、实现强军梦的先锋和主力！

我们必须善于总结和珍视新中国成立以来国防建设取得的经验和巨大成就，在继承中发展，在发展中创新，这是我们继往开来、阔步向前，不断走向成功的动力之源和宝贵财富……

历史在考验我们，我们也想向历史发问：

如果我们当年没有“两弹一星”，中国是否能出现和保持这生机勃勃、和平发展的繁荣?!

如果当年我们没有“抗美援朝”的胜利，今天我们是否能在世界的舞台上昂首挺胸?!

疑问与时相生，答案却在历史的昭示中不言自明。

战火的硝烟淹没不了智慧的光芒，也挡不住人类对和平的渴望。伟大的中华民族自古以来就是一个热爱和平的民族。“中国梦是和平、发展、合作、共赢的梦，中国梦需要和平，和平才能实现梦想。”“中国从一个积贫积弱的国家发展成为第二大经济体，靠的不是对外军事扩张和殖民掠夺，而是人民勤劳、维护和平。中国将始终不渝地走和平发展道路，无论中国发展到哪一步，中国永不称霸、永不扩张、永不谋求势力范围。历史已经并将继续证明这一点。”

军歌嘹亮，战鼓催征。站在新的历史起点，开始新的伟大征程，我们必须紧密团结在以习近平总书记为核心的党中央周围，坚决贯彻落实习近平主席关于“我们要加快高新技术武器装备建设步伐，发展与我国国际地位相称、与国家安全需求相适应的新型‘杀手锏’装备，在世界军事高技术领域占有一席之地”的系列指示精神，不忘初心，砥砺前行，披荆斩棘，再立新功！

第十六章 大国重器 强国柱石

习近平总书记曾经指出:“现在,我们前所未有地靠近世界舞台中心,前所未有地接近实现中华民族伟大复兴的目标,前所未有地具有实现这个目标的能力和信心。世界从来没有像今天这样关注中国、重视中国,我们的战略回旋空间不断扩大。”2017 年 8 月,当创下中国最高票房纪录的电影《战狼Ⅱ》片尾推出字幕“中华人民共和国公民:当你在海外遭遇危险,不要放弃,请记住在你身后有一个强大的祖国”时,全场的激情一下子被点燃了,很多人热泪盈眶,感奋不已,激动不已。为什么?因为我们确实感到祖国强大了,在我们的背后确实有一个强大的祖国!是的,我们今天每一位中华儿女,有理由骄傲,有理由自豪,我们的祖国强大了,我们的民族强大了!不会再有人说我们是东亚病夫了!而我们强大的民族和祖国,是因为我们有强大的现代化国防!我们重器在握,但我们绝不轻易出手。维护世界和平与正义,这是历史赋予一个大国的重托,我们重任在肩、任重道远。在世界武器装备竞相登场的新世纪里,也有一道属于我们的亮丽风景,这是伟大中华民族意志和智慧的结晶!是我们实现既定奋斗目标的坚强保证和后盾。

下面就让我们从国内外媒体的公开报道中领略一下“中华剑”“中华盾”的风采。

一、“辽宁号”航空母舰驰骋万里海疆

“辽宁号”航空母舰(简称“辽宁舰”),弦号 16,是中国人民解放军海军第一艘可以搭载固定翼飞机的航空母舰。前身是苏联海军的库兹涅佐夫元帅级航空母舰次舰“瓦良格“号,改装后中国将其称为 001 型航空母舰。其舰型、尺寸、排水量、动力装置等基本沿袭了库兹涅佐夫元帅级原来的设计特点,但在上层建筑、防空武器、电子设备、舰载机配备等方面做了较大改进。

“瓦良格”号于 20 世纪 80 年代中后期在乌克兰建造时因苏联解体工程中断。1999 年,中国购买了“瓦良格”号并于 2002 年 3 月 4 日运抵大连港。2005

年4月26日,由中国海军继续建造改进。2012年9月25日,胡锦涛向海军接舰部队授予军旗,中国第一艘航空母舰"辽宁舰"在中国船舶重工集团公司大连造船厂举行交接入列仪式,"辽宁舰"正式交付中国人民解放军海军,一直披着神秘面纱的中国首艘航空母舰的真容彻底展现在世人面前。2012年11月24日,"辽宁舰"完成舰载机起降训练。歼-15起飞时,有两名身穿背部印有"起飞"字样黄色马甲的起飞助理同时指挥。在媒体报道的图片和视频后,迅速引起网友围观并纷纷模仿,这个姿势被称为"航母Style"。2014年1月17日,"辽宁号"航空母舰2013年12月在南海巡航的原始画面曝光。甲板、驾驶室等画面以及直升机和歼击机的起降过程都出现。2017年7月7日,正在执行跨区机动训练任务的中国人民解放军海军航空母舰编队抵达香港,参加香港回归祖国暨中国人民解放军进驻香港20周年庆祝活动。

更令国人振奋和外国人吃惊的是,2017年4月26日,中国第一艘完全意义上自行研制的航空母舰正式下水。这标志着中国已经完全掌握了航空母舰的研制技术,中国海军已经成为一支真正现代化的"蓝水"海军。

二、"歼-20"横空出世

歼-20,绰号"威龙",代号"火牙"(Fire Fang),是中国人民解放军研制的最新一代(欧美旧标准为第四代,新标准以及俄罗斯标准为第五代)双发重型隐身战斗机,是用于接替歼-10、歼-11等第三代空中优势/多用途歼击机的未来重型歼击机。歼-20将担负我军未来对空、对海的主权维护任务,2017年投入使用,2020年后逐步形成战斗力。首架原型机于2011年1月11日在成都实现首飞,立即引起国内外媒体的广泛关注,被誉为中国航空工业技术和制造的旗帜和里程碑事件。试飞期间,正值美国前国防部长盖茨防问中国期间,歼-20的成功试飞,让其感到极大震憾和出乎意料,对此,他在2013年出版的一本书中还专门做了描述。在2016年11月1日第十一届珠海航展上,两架歼-20战机首次做了公开双机飞行展示,不仅在现场引起轰动,也立刻受到西方媒体的大量报道。至此,有关歼-20的各种传说也尘埃落定。歼-20是中国现代空中力量的代表作,是中国国防能力高速提升的一个象征,它的入役标志着中国空军已进入了世界最先进的第五代战斗机行列。

三、"东风"-21D 反舰弹道导弹闪亮登场

"东风"-21D反舰弹道导弹,号称"航母杀手""航母克星"。东风-21D是

中国专门为应对航空母舰威胁而研制的打击海上移动目标的导弹，也是目前世界唯一的中程反舰弹道导弹，具有强大的攻击大型水面舰艇的能力。其特点是：飞行末段采用末端制导，可主动变轨，适合打击机动目标；达到巡航导弹的精度，命中精度高；采用车载式路基发射平台，具有极强的机动性；配合诱饵弹头使反导系统难以拦截，具有很强的突防能力。因而，它是解放军装备序列中先进程度最高的武器。2014 年 1 月 12 日，“东风”-21D 反舰弹道导弹试射照片被媒体披露，美国研究机构认为：“东风”-21D 非常成功。2015 年 9 月 3 日，“东风”-21D 反舰弹道导弹在天安门阅兵中正式曝光，更是引起世界重点关注。

四、核潜艇水下扬威

核潜艇是指以核反应堆为动力的潜艇。水下续航能力为 20 万海里，自持力达 60~90 天。中国首先发展的是核动力攻击潜艇，首艘于 1970 年下水，1974 年“八一”建军节，命名为“长征一号”，正式编入海军战斗序列。在建造攻击型核潜艇的基础上，中国又成功建造了战略导弹核潜艇。1985 年底至 1986 年初，中国核潜艇成功地进行了最大自给力的试验，安全航行两万余海里，打破了美国“鹦鹉螺”号核潜艇最大自给力 84 天的纪录，显示了中国核潜艇良好的机动性、适航性、隐蔽性和动力系统运行稳定可靠的优点。

1985 年，新华社公告：中国将于 9 月 28 日至 10 月 18 日进行运载火箭发射试验，要求各国的飞机、船舶在上述期间的当地时间每日 10 时至 17 时不要进入北纬 28°13″、东经 123°53″为中心的半径 35 海里的海域。令国外都没想到是这次是中国最大规模的核潜艇水下发射演习。

1987 年 12 月 31 日，中国海军核潜艇首次远航训练获得圆满成功。潜艇部队的全体官兵驾驶着核潜艇，在辽阔的海洋上完成各项训练任务，创造了中国海军潜艇水下航行时间最长、航程最远、平均航速最高的纪录，是中国海军史上的里程碑。

五、歼-15 战斗机成功着舰

歼-15 战斗机（简称 J-15），属于重型舰载战机，是我国第一代多用途舰载战斗机，它具有作战半径大、机动性好、载弹量多等特点，可根据不同作战任务携带多型反舰导弹、空空导弹、空地导弹以及精确制导炸弹等精确打击武器，实现全海域全空域打击作战能力，各项性能可与俄罗斯苏-33、美国 F-18 等世界现役的主力舰载战斗机相媲美，因此被誉为凶猛强悍的空中“飞鲨”。2012 年 11

月 5 日,国防部网站正式发布了关于中国航母舰载机触舰起飞的消息。2012 年 11 月 23 日,随着飞行员戴明盟驾驶的歼-15 舰载机在航母辽宁舰上成功一降,歼-15 舰载战斗机终于拨开神秘的面纱,立即起世人的关注,2012 年 11 月 25 日官方宣布航母顺利完成舰载机起降训练,航母平台和飞机的技术性能得到了充分验证,舰机适配性能良好,达到了设计指标要求。这标志着我国航空母舰编队开始形成体系作战能力,人民海军的发展已步入了一个新时代,真正站上了一个新起点。

六、举世震惊:中国万吨级 055 最大驱逐舰曝光

中国海军的迅速发展,在 2013 年再一次震惊世界,而其中最引人瞩目的是 055 型万吨级导弹驱逐舰的建造。055 导弹驱逐舰拥有较高的续航力、自持力及适航性,满载排水量 12000 吨,为世界第二大导弹驱逐舰,超过美军“阿利伯克”级和日韩“宙斯盾”舰,仅次于美国 DDG-1000,代表了中国船舶工业的最高水平。055 型导弹驱逐舰定位为第二岛链以外远海乃至全球战略服务,可搭载两架直升机,航速超过 30 节,配置通用垂发系统和 PJ-38 型单管 130 毫米舰炮,使其具备远、中、近三层先期预警防御和攻击能力,并有较强的防空、反潜、反舰功能。055 型导弹驱逐舰作为战时指挥舰,还可同时接受和反馈天基、空基和陆基的信息,是未来中国海军威力巨大的主力战舰和走向深蓝的利剑先锋。055 型导弹驱逐舰已于 2017 年 6 月 28 日在上海江南造船厂下水。055 型导弹驱逐舰除了运用诸多新技术和设计理念外,更是中国海军第一款一服役就在平台和设计理念上都达到世界先进甚至局部领先水平的舰船。因此,它的问世对于当今中国海军来说意义非凡。

七、新一代重型军用运输机问世

运-20(代号:Y-20、鲲鹏,英文:Xian Y-20)大型喷气式运输机,是中国自主研发的新一代重型军用运输机,最大起飞质量 220 吨,载重超过 66 吨,最大时速大于等于 800 千米/小时,航程大于 7800 千米,实用升限 13000 米。运-20 是中国研制的最大的飞机,具有高延伸性、高可靠性和安全性,以及很好的短距起降性能,能在未铺砌的跑道上起降;能在复杂气象条件下,执行各种物资和人员的长距离航空运输任务。2013 年 1 月 26 日运-20 首飞成功,标志着中国已经跻身世界大飞机行列,成为继美国、俄罗斯和乌克兰之后,世界上第四个能够研制 200 吨级大型军用运输机的国家。

2013年3月2日,运-20运输机于西部某试飞中心进行了2次地面滑行试验。与2013年1月26日首飞时的涂装相比,这次采用了全新的涂装,除雷达罩外,机身涂装已经全部更换为灰黑色,表明运-20运输机的飞行试验已经进入了一个新的阶段。首飞不到90天后，2013年4月20日进行了第二次试飞,表明其各项关键技术更趋成熟。

2016年7月6日,运-20运输机举行授装接装仪式,正式服役。大型军用运输机作为中国军队战略性装备,是我国工业和军事现代化的重要里程碑,对改善中国军队装备现状、实现国防现代化、保卫国家安全和完成祖国统一大业有着不可替代的作用。

八、结论与启示

美国地缘战略学家斯皮克曼在他《和平的地理学》中写道:“无论是我们原则之中不言而喻的真理还是我们的伦理价值的神圣基础,都不足以保证世界按我们渴望的想象建立起来……武力对于民族的生存和创造更美好的世界来说无疑都是一个不可缺少的手段。”这话说得直接和通俗一些,就是国家的和平是在“拳头”与“拳头”的对峙中赢得的,国家的“拳头”是军队,而军队的“拳头”就是武器装备。发展武器装备才是硬道理。显然,这才是真理,任何时代、任何国家都适用。过去是,现在是,将来肯定也是。所以,一个真正负责任的大国,要肩负起维护世界和平的责任,没有“拳头”或不握紧“拳头”,就等于是一句空话。

时代在发展,世界在变化。但不管怎么变,“中国始终是世界和平的建设者、全球发展的贡献者、国际秩序的维护者,中国军队始终是维护世界和平的坚定力量。中国军队将一如既往开展国际军事交流合作,共同应对全球性安全挑战,积极履行同中国国际地位相称的责任和义务,为推动构建人类命运共同体积极贡献力量。”习近平主席在十九大的上述讲话,震聋发聩,既是对全世界人民做出的庄严承诺,也是对国防和军队建设的总要求。

后　记

世界上很多事情都有偶然因素，本书的写作就是如此。虽然本人长期从事科研管理工作，积累了一定的科研管理工作的经验和体会，对装备建设发展的规律也有一定认识和理解，但却从来没有著书立说的想法。其中“忙”是一个因素和最好的借口，但更主要的可能是一个“懒”字，“懒”字当头，一切皆无。

2017 年是全军装备科研机构改革进入实质性的关键之年。这次改革，规模之大，领域之广，涉及人员之多，影响之深远，在我军历史上前所未有。因为改革和等待岗位调整，明显业务工作的节奏缓慢下来，我也有正常的周末和读闲书的时间了。

一个春日融融的周日午后，我坐在阳台上看书，正在读大三的儿子走来，问我：“爸爸，您在做什么？”“我在看书，也在体会以后退休的生活。”“您要退休？！”“是的，按照部队的规定，年满 55 周岁就该退休了。”儿子既有些惊讶，又有些茫然地走开了，他是不理解退休的含义吗？

晚饭后，我散步从外面回来。刚一进门，就听见儿子兴奋而又急切地对我说：“爸爸，我想正式跟您谈谈。”“说吧。”“就一句话：您的事业才刚刚开始啊！”“这就是你要跟我谈的。”“是的，”儿子坚定地说。原来他是在为我的未来忧心呢，我不禁有些触动，也有些感动，感觉他仿佛真的长大了。

晚上，我想了很多。“您的事业才刚刚开始啊！”这是什么意思？是儿子对我的提醒？勉励，还是希望？但不管怎么，于情于理，这句话都深深触动了我。我睡不着了，我想，这么多年，一直是我要求着他，学这学那，做这做那。而今天，应该是算他对我的一个要求吧，我不能等闲视之。就算是对他要求的一个回应，就算是增强他一些考虑问题的自信，我也要做点什么，于是，我打开计算机开始写起来。

当我把一篇篇变成铅字的文章拿给他时，他除了每次谈一些他自己的观点外，还总是要说上一句，“我看写本书好。”“写书？”“是啊，您不老让我写书吗？

我看您也应该写。”是啊，就算是给他做个示范和榜样，我也应该写，要么怎么要求他呢？我这样想着，也硬着头皮这样做了下来。至年底，也有十多万字了。连起来，还真的够一本书了。

这里还要说明的一点是，由于种种客观上的原因，本书的出版经历了漫长的过程。期间世界发生了很多变化，各国从国防和军队建设也发生了很大变化，致使书中所涉及的案例、所采用的数据、所提到的装备，在时效性、新颖性方面显得不足。但著者认为，不管世界怎么变化，装备怎么发展，装备建设所应遵循的规律本质上是不会变的，故没有进行新的补充和调整，请读者见谅。

承蒙国防工业出版社的大力支持，使本书得以顺利出版，特别是王鑫主任和崔艳阳编辑，为本书的出版付出了大量的精力，他们严谨的态度，求真求实的精神给我留下了深刻的印象。在此表示衷心感谢！

本书在写作过程中得到了装备研究院科技部王振、田燕妮参谋，政治部张坤博士的热情帮助，他们年轻的活力、创新的思维、新颖的观点，弥补了本书的很多缺憾和不足。在此一并表示感谢！

最后，我还要特别感谢我的妻子和我的儿子，是他们积极的支持和鼓励让我有了写作的激情和写下去的信心。

作　者

二〇二〇年十月，于北京

参考文献

[1] 中央军委政治工作部．习近平论强军兴军[M]．北京:解放军出版社,2017.

[2] 中国人民解放军总政治部．习主席国防和军队重要论述读本[M]．北京:解放军出版社,2014.

[3] 罗伯特．布德瑞．21 世纪海军创新[M]．黄林,刘小妹．译．北京:海潮出版社,2016.

[4] 中国社会科学院语言研究所词典编辑室．现代汉语词典[M]．北京:商务出版社,2008.

[5] 平洋．装备采购制度改革与军用标准化发展[M]．北京:国防工业出版社,2015.

[6] 王凯,孙万国．武器装备军事需求论证 [M]．北京:国防工业出版社,2008.

[7] 海军装备采购制度和军事代表制度调整改革领导小组．美国海军装备采办管理[EB/OL]．2011. https://chuansongme.com/n/1822574853187.

[8] 曲智．任正非的内部讲话[M]．北京:新世界出版社,2013.

[9] 曲智,申楠．任正非的内部讲话 2[M]．北京:石油工业出版社,2016.

[10] 程东升,刘丽丽．华为三十年——从土狼到狮子的蜕变．贵阳:贵州人民出版社,2016.

[11] 张洋．美国空军发布《2030 空中优势飞行规划》[EB/OL].(2016-06-01)[2016-06-01]. http://www.360doc.com/content/16/0601/18/16788185_564252105.shtml.

[12] 谢光,陈丹淮．当代中国科学技术事业(上、下卷)[M]．北京:当代中国出版社,1992.

[13] 安思山,郭剑飞．国防与科技[M]．北京:国防大学出版社,1998.

[14] 军事科学院百科全书编审室．中国军事百科全书(国防建设)．北京:中国大百科出版社,2014.

[15] 克劳斯・斯瓦布．第四次工业革命 [M]．北京:中信出版社,2016.

[16] 张乃千,谢琦．太赫兹:第五维战场"拓荒者"[N]．解放军报．2017-3-17(8).

[17] 中共中央文献研究室．习近平关于科技创新论述摘编[M]．北京:中央文献出版社,2016.

[18] 军事科学院外国军事研究部．美第三次"抵消战略"述评[N]．光明日报,2016-03-02(6)[2016-03-08].

[19] 吴国辉．云作战:带来空天作战新革命[N]．中国国防报,2016-02-26(4).

[20] 方勇．新型作战概念影响美国导弹武器发展[J]．现代军事．2017,5: 68-72.

[21] 戴锋,魏亮,吴松奇．再论云作战[J]．中国军事科学．2014,3.

[22] 胡显章,曾国屏．科学技术概论[M]．北京:高等教育出版社,2005.

[23] 代鹏．修昔底德不是陷阱[J]．舰船知识．2016:增刊(1-7).

[24] 许佳, 张慧. 六大主体推动俄罗斯国防科技创新发展[N/OL].(2017- 07- 04) [2017- 10- 02].http://www.cannews.com.cn/2017/0704/165168.shtml.

[25] 张代平,王磊,赵超阳,等. 2016 年世界主要国家国防科技管理改革大盘点[EB/OL].(2017-03-21) [2017-10-02]. http://mini.eastday.com/mobile/170321152615402.html.

[26] NASA. 太空机器人挑战赛区 你敢来挑战吗[EB/OL].(2017-08-19) [2017- 10- 04]. http://www.eepw.com.cn/article/201608/295770.htm.
[27] 王涛. 国防技术创新 ——瑞典团队案例研究[J]. 防务视点,2017(8): 60-63.
[28] 慕小明. 多域战:美军联合作战新走向世界[N]. 学习时报. 2016-01-16(A7)[2016-12-22].
[29] 耿继超,张国权. 日本国防工业推行军民结合主要做法[EB/OL].(2006-12-29)[2017-01-16]. http://jczs.sina.com.cn/ 2006-12-29/0127423095.html.
[30] 佟京昊. 美俄国防工业发展经验对我国国防科技工业改革的借鉴[EB/OL]. (2016-12-15)[2016-12-15]. https://m.sohu.com/a/121598745_465915.
[31] 宋文文. 加拿大国防部发布新版国防采购指南[EB/OL].(2016-05-30)[2016-06-30]. http://roll.sohu.com/20160530/n452043150.shtml.
[32] 安士东. 科技兴军,必须牢牢把握战略前沿技术的深刻影响[EB/OL]. (2017-04-02)[2017-04-02]. https://www.sohu.com/a/131623015_465915.
[33] 王磊,万礼赞,张代平,等. 美国立法要求设立研究与工程副部长,强力推动国防科技创新[EB/OL]. (2017-02-10)[2017-02-11]. https://chuansongme.com/n/1822574853187.
[34] 张迎曦. 2016 年国外虚拟现实技术发展综述[EB/OL]. (2017-04-03) [2017-04-03] . https://www.sohu.com/a/131896917_465915.
[35] 张立乔. 美国 3D 打印创新中心发展概览[EB/OL]. (2017-04-04)[2017-04-04]. https://www.sohu.com/a/131885760_465915.
[36] 乐天. 洛马 3D 打印:这次是军事卫星零件,下次是造洲际核导弹[EB/OL]. (2017-04-06)[2017-04-06]. https://www.sohu.com/a/132243286_465915.
[37] 戴浩. 人工智能技术及其在指挥与控制领域的应用[EB/OL]. (2017-04-06)[2017-04-06]. https://www.sohu.com/a/132243281_465915.
[38] 张巍. 新型领域:现代军事斗争的制高点[EB/OL]. (2017-04-09)[2017-04-09]. https://dy.163.com/article/CHINCR5C0511DV4H. html; NTESwebSI = 762ED8B3E460C2614E77836E2D917258. hz - subscribe-web-docker-cm-online-rpqqn-8gfzd-no6gz-957844999zp-8081.
[39] 王鹏,陈晨. 揭秘美军无人作战系统[EB/OL]. (2016-07-16)[2017-04-06]. http://www.360doc.com/content/16/0716/02/18890225_575848800.shtml.
[40] 陈萱. 导弹发展需求与发展趋势[EB/OL]. (2017-05-11)[2017-05-11]. https://www.sohu.com/a/144340847_465915
[41] 吴勤,张梦湉. 国外导弹前沿技术发展及影响分析[J]. 现代军事. 2017,Z1.
[42] 孔诤,高跃群. 世界军事科技发展趋势及重要影响[J]. 求是. 2017,3.
[43] 说古. 美国最强幽灵轰炸机 B2 魅力重现[EB/OL]. (2016-12-12)[2017-03-03]. https://baijiahao.baidu.com/s? id=1553510545895214 .
[44] 吴勤. 美军分布式杀伤作战概念发展分析[EB/OL]. (2016-06-23)[2017-03-03]. https://xueshu.baidu.com/usercenter/paper/show? paperid=0b0890a43eb9233268ca9cae1fba8bca&site=xueshu_se.
[45] 赵宇哲,孙兴村. 美国保持国防科技领先的关键原因[J]. 科技中国,2017,6.
[46] 谌伟. DARPA 举办虚拟提议日,寻求颠覆性技术[EB/OL]. (2017-04-12)[2017-04-12]. https://

www.sohu.com/a/131240886_465915.
[47] 李磊,文苏丽,杨依然.DARPA 寻求七大战略技术支撑美国未来战场能力[EB/OL].(2017-03-31)[2017-03-31].https://www.sohu.com/a/131240886_465915.
[48] 计宏亮.21 世纪美国靠什么来领导全球?鼓励创新的 5 条原则[EB/OL].(2017-03-31)[2017-03-31].https://www.sohu.com/a/131240891_465915.
[49] 王磊,万礼赞.世界主要国家科技计划管理的主要做法[EB/OL].(2017-03-16)[2017-03-17]https://chuansongme.com/n/1822566753957.
[50] 计宏亮.美国科技委:影响国家安全科技创新项目的 6 个技术动因[EB/OL].(2017-03-16)[2017-03-16].https://www.sohu.com/a/129000635_465915.
[51] 严剑锋.美国国防部实施的国防科技产业政策及启示[J].南京政治学院学报,2016,6.
[52] 谌为,温琳.英国《技术与创新的未来 2017》报告:技术创新的未来在于融合[EB/OL].(2017-03-09)[2017-03-17].https://chuansongme.com/n/1648629151830.
[53] 张泰.美国创新生态系统启示录:世界级企业如何生成[EB/OL].(2017-03-10)[2017-03-10].https://www.sohu.com/a/128499274_466951.
[54] 美国国防部改组 AT-L,重建军事技术优势[EB/OL].(2017-03-09)[2017-03-10] https://www.sohu.com/a/128277081_465915.
[55] 谢忱,英国国防大臣:组建创新顾问委员会,设 8 亿英镑创新基金,倚重中小企业[EB/OL].(2017-03-08)[2017-03-17].https://www.sohu.com/a/128170043_465915.
[56] 游光荣,刘长利,吴集.构建适于颠覆性技术发展和运行的机制环境[EB/OL].(2016-10-26)[2017-02-27].https://www.sohu.com/a/117196788_465915.
[57] 王磊,万礼赞,赵超阳,等.世界主要国家国防科技管理体制改革:历史沿革与最新进展[EB/OL].(2017-02-23)[2017-02-23].https://www.sohu.com/a/126995174_465915.
[58] 李华晶.五角大楼角力创业战场的"隐形五器"[EB/OL].(2017-02-12)[2017-02-12].https://www.sohu.com/a/126032035_465915.
[59] 王璐菲.美国国防创新的未来之路[J].2017,2.
[60] 张代平,王磊,赵超阳,等.2016 年世界国防科技管理改革综述[EB/OL].(2017-01-27)[2017-03-27].https://www.sohu.com/a/125201480_465915.
[61] 佟京昊.美俄国防科技工业发展经验对我国国防科技工业改革的借鉴[EB/OL].(2017-01-19)[2017-03-19].https://www.360doc.cn/article/167881.
[62] 许佳,张慧.不甘后人——俄罗斯工业 4.0 提上日程[EB/OL].(2016-12-15)[2017-01-19].https://www.sohu.com/a/121598758_465915.
[63] 邵立国,陈来琦,乔标.各国推动颠覆性技术创新的典型做法与启示[EB/OL].(2017-01-10)[2017-01-19].https://www.sohu.com/a/123866738_465915.
[64] 王大鹏.美国国家创新体系发展进程概览[EB/OL].(2016-12-30)[2017-02-30].https://www.sohu.com/a/122982618_465915.
[65] 魏博宇.日本多管齐下推动装备与技术发展[EB/OL].(2017-06-26)[2017-06-28].http://www.globalview.cn/html/military/info_18735.html.

[66] 高仰止．炸弹之母:爆炸半径 137 米内所有生物都无法存活[EB/OL].(2017-04-14)[2017-04-14]. http://war.163.com/17/0414/10/CHVPVV0P0001879A.html.
[67] 吕进．美军伊拉克战争中使用的最新武器[EB/OL].(2003-03-24)[2017-03-24]. http://news.sohu.com/19/67/news207546719.shtml.
[68] 马俊．俄将研制第五代核潜艇[EB/OL].(2017-07-02)[2017-07-02]. http://news.haiwainet.cn/n/2017/0703/c3541737-30999476.html .
[69] 参考消息网. 外媒:俄动用“炸弹之父”打击 IS[EB/OL].(2017-01-16)[2017-02-16]. https://www.sohu.com/a/124392947_465915.
[70] 刘潮汛. 2014 浦江论坛开幕 习主席普京致贺信[EB/OL].(2014-10-26) [2017- 10- 02]. http://finance.sina.com.cn/hy/20141026/093120643143.shtml.
[71] 总政治部．关于深入学习宣传贯彻强军目标的意见[N]. 解放军报,2013-08-26(1).
[72] 沈礼清．以强军目标牵引海军现代化建设[N]. 解放军报,2013-09-05(7).
[73] 毕京京．深刻把握强军目标的基本特征[N]. 解放军报,2013-09-05(6).
[74] 李自力．着眼强军目标推进科技创新[N]. 解放军报,2013-09-05(7).
[75] 美国国防部长访问中国[EB/OL].(2011-01-11)[2017-07-08]. https://dy.163.com/article/ENIGV3HQ0517EKGK.html.
[76] 9·3 阅兵观礼指南:东风 21D 等新型武器将震撼亮相[EB/OL].(2015-09-02)[2017-04-06].http://news.sina.com.cn/o/2015-09-02/202732269697.shtml.